混迷する農政
協同する地域

田代 洋一

筑波書房

はしがき

世界的な金融・経済危機のなかで新自由主義は破綻した。その最後の局面にあって、にもかかわらず新自由主義的な農政を追求しようとしているところに、今日の日本農政の混迷がある。このような視角から本書を編んだ。

第1章では、今日の世界金融経済危機そのものをとりあげ、そのなかでの日本のポジションや農業への影響を考えた。

第2章では、混迷する農政の柱として、WTO農業交渉、米価と生産調整、農地制度「改革」をとりあげた。

第3章は、より大規模化をめざす農協や生協の動向に対して、「協同組合とは何か」を問いかけた。

このような状況下、地域にあっては農家も自治体も農協も新自由主義に翻弄されて存亡の危機にある。そのなかで協同（協働・協業）に活路を見いだそうとする動きも微弱ながら存在する。それらの事例を、第4章では地域農業支援システム（協働）、第5章では集落営農化（協業）としてとりあげた。

本書は、二一世紀に入り隔年で執筆してきた時論集の五冊目にあたる。そのうち本書が対象とする期間は二〇〇七年央から二〇〇九年央までの二年間、政権交代の直前までとする（呼称等も交代前）。

政権交代で世はあげて民主農政に関心がシフトし、本書は既に反古とみなされるかもしれない。しかし日本の産業法政のなかで農政ほど一貫性・継承性・整合性をもって追求されてきたものはなく、政党の農業政策といってもこれまでは所詮そのうえに乗っかったものだった。

民主党がそれを変えるというのであれば、個別の政策もさることながら、同党の基本性格との関連で見極める必要があり、そのためには周辺諸科学の力も借りた研究の時日を要する。本書はとりあえず、混迷の行き着いたところを読者とともに確認することに力点を置きたい。

二〇〇九年八月末日

田代　洋一

目次

第1章　世界金融経済危機と農業

はじめに

新自由主義イデオロギーとその土台としての金融資本主義が破綻するなかで、にもかかわらず新自由主義志向の農政を追求するところに、「混迷する農政」の原因を求めるという本書の趣旨からすると、今日の世界金融経済危機に触れないわけにはいかない。最近の世界食料危機一つとってみても世界経済に対する認識なしには理解を誤る。本章は各種文献を通じて問題のアウトラインを概観しつつ、農業・食料への影響、日本の果たしてきた役割や今後の課題を考える。文献は繰り返し参照するので、注ではなく章末の文献リストの番号と頁数をカッコ書きすることにした。

本屋の店頭にはいわゆる「危機本」が平積みされており、文献はそれらからピックアップしたが、大いに落ちがあり得る。これまでのところ近代経済学、エコノミスト、アナリスト等の文献が多数を占めているが、問題は資本主義の歴史的位置に関することであり、その点については今後の本格的な研究を期待したい。

第1節　今日の資本主義の歴史的位置

1　過剰資本の形成

今日の世界的な金融・経済危機がなぜ起こったのか、それは市場経済に一元化されてしまった世界経済に何をもたらすのか、そもそもこの危機は資本主義の歴史においていかなる位置にたつのか。誰もがこのような疑問をもつだろう。本節ではまずその点を考えたい。

周知のように今日の経済危機は実体経済の危機が金融危機に及んだのではなく、金融危機が実体経済の危機を引き起こしたこと、それが瞬時に世界を襲ったスピードとグローバル性に最大の特徴がある。その基礎的原因は、一九七〇年代以降、「金融活動が実体経済から独立して独自の展開を遂げ経済全体をも揺り動かしていくような大きな存在になったこと」に求められる（井村［5］）。

その金融活動を金融資産の面からみると、**図表1**のごとくである。一九八〇年に世界の金融資産は世界のGDPとほぼ同額だった。それが九〇年には実額で四倍、対GDP比で二倍になり、九〇年代を通じて倍増してGDP比で三倍弱になり、二〇〇六年には一六七兆ドル、対GDP比三・五倍になっている。その後、〇七年一〇月には一八七兆ドル、三・四五倍、〇八年一〇月には一六七兆ドル、二・七八倍へと急増急減している（内閣府［14］三九頁、元は三菱UFJ証券作成資料）。

図表1　世界の金融資産規模

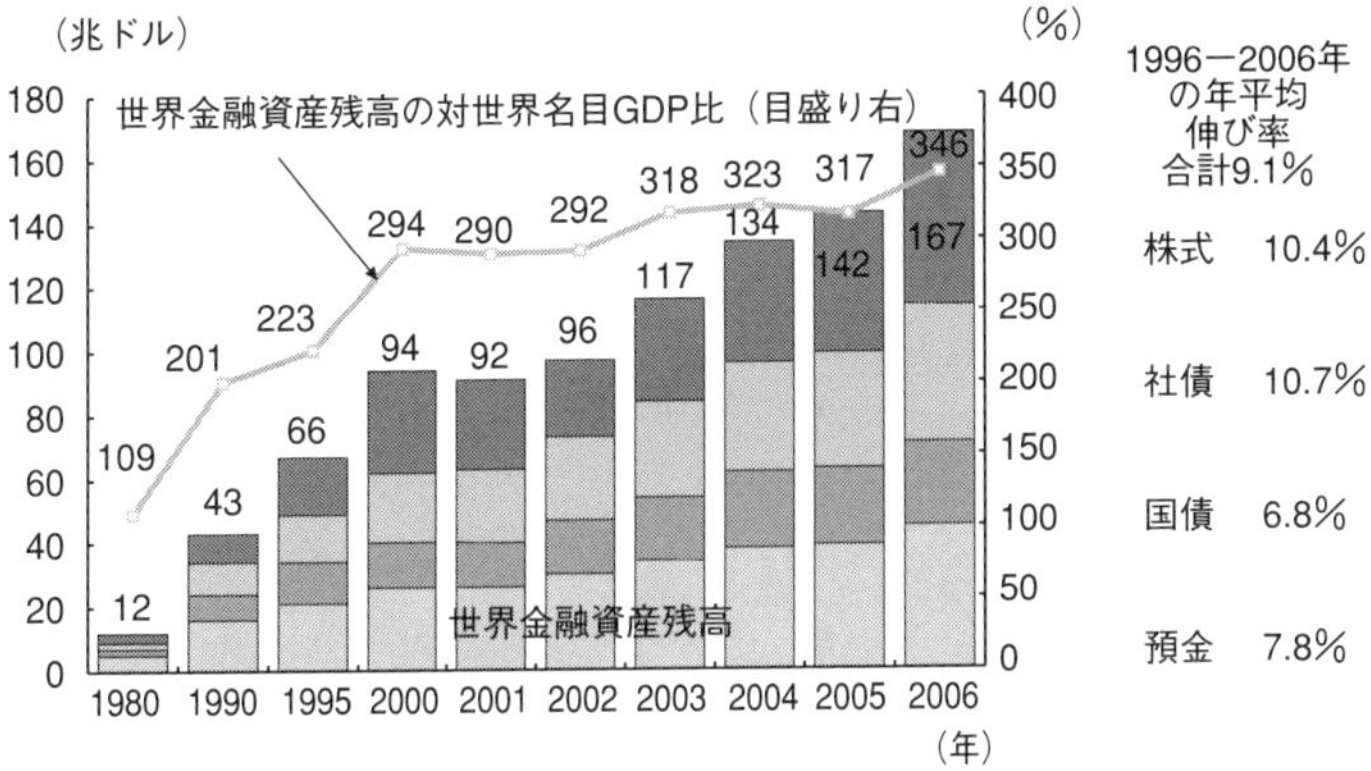

資料：McKinsey & Company（2008a）。
引用：［7］による。

「経済の金融化」の原動力は、このような実体経済の規模を三倍も上回る金融資産である。アメリカの住宅バブルや証券化に原資を提供したのもこの金融資産からの投機マネーであり、元凶はそこにある。では、このような金融資産はどうして形成されたのか。**図表1**によっても一九八〇年頃にその起点を求めることができる。

資本主義経済において実体経済と金融活動をリンクするのは世界貨幣・金であった。実体経済における商品も世界貨幣・金もともに労働実体をもつことによってリンクされる。それを国際通貨体制として確立したのが各国通貨（中央銀行券）と金との兌換制、各国通貨の法定金含有量によりその交換比率が決まる金本位制である。金本位制の下では厖大な金現送を通じて為替相場が調整され、「為替相場は、この狭い一%程度の幅の中を変動するだけでほとんど動かない固定相場制」だった（侘美［1］九六頁）。この下で資本主義世界は周期的な過剰生産恐慌にみまわれ、恐慌を通じて過剰な商品・資本が廃棄され、過剰労働力は解雇されるという冷酷なメカニズムにより需給は均衡を回復した。

この自由主義段階のシステムが、二〇世紀に入り資本の寡占化と労働市場の硬直化を通じて機能不全に陥るなかで一九三〇年代の世界大恐慌が起こり、世界経済は金本位制からの離脱、管理通貨制度への移行を余儀なくされた。管理通貨制度の下では、各国の政策当局は国際収支の制約をある程度免れて裁量的に財政支出を行うことができ、いわゆる福祉国家の形成に向かった。しかし国際通貨体制は基軸通貨を失い（あるいはポンドからドルへの移行期）、通貨ブロック経済圏の形成やブロック間の為替ダンピング（為替の一方的切り下げによる安売り）を行うなどして、その経済対立から第二次世界大戦を引き起こすに至った。

第二次大戦後は、以上の経過とアメリカ一国への世界の金の七割の集中を背景に、各国通貨当局の要求に応じてアメリカが金とドルを交換する金ドル（金為替）本位制をとった。各国が金一オンス＝三五ドルにリンクして公定平価を定める固定相場制である。ここでのポイントは世界経済がドルを介して間接的に世界貨幣・金に媒介される世界が創り出された点である。

しかしながらアメリカはその経済力の低下や体制維持費用としての軍事・援助支出による金の流出に耐えきれず、ついに一九七一年に金とドルの交換を停止し、変動相場制に移行する。アメリカ「財務省の金準備は、五八年から六八年までの一〇年間におよそ一〇〇億ドルも減少したが、この額は、アメリカが一九三〇年代の後半に世界各国から引き付けた金の額とほぼ等しかった」（侘美［1］一五二頁）。

この変動相場制移行の歴史的意味は次の点にある。

第一に、為替レートは日々の各国通貨の需給関係で決定されることになる。今日の市場原理主義の思想の源は、通常はシカゴ学派等の「理論」に求められるが、その下部構造は為替レートが固定制ではなく日々の市場の需給実勢にゆだねられる変動相場制、その下でのカネと資本の自由化、それがもたらすグローバル化にこそある（自由主義段階とのちがい）。固定相場を維持するためには資本移動の規制が必要だったが、変動相場制への移行はその必要もなくし資本移動が自由化される。

第二に、アメリカがドルと金のリンクを断ち切ったことで、世界経済は最終的に金本位制から離脱した。ここから実体経済と金融経済の乖離、「モノと決別したカネの暴走」・独走が始まる。アメリカという「基軸通貨国の管理通貨制度への移行が恐慌への第一歩を形成した」（浜〔16〕一四三頁）。結論を先取りして言えば、金本位制から離脱しなければ世界資本主義が延命できないことを示したのが一九二九年に始まる世界恐慌だとすれば、金本位制からの離脱が最終的な延命にはならないことを示しつつあるのが今日の世界金融経済危機だといえる。

第三に、こうして内外ともに世界貨幣・金とのリンクを断ち切ったドルが、にもかかわらず基軸通貨として通用することにより、アメリカのみが経常収支等の制約を受けることなしにドルの発行が可能となる基軸通貨国特権を握り、財政の赤字、貿易の赤字、家計の赤字を通じてドルを大量に世界中に垂れ流し、過剰ドルを形成した。過剰ドルとは、「国際通貨として機能することを阻害するほどに、ドルが過剰に存在している事態」と山口は定義する（山口〔28〕一九四頁）。単純にそうであればドル暴落を招くだけのことだが、ドルの垂れ流しを通じて世界の各地に累積された金融資産が国際資本移動を通じてそれを防止している。すなわち金融資産（資金）の一部は高金利につられて（アメリカの日本等への低金利押しつけによって）アメリカに還流し、ドル暴落を抑えつつ、アメリカの財政や経常収支の赤字を補てんし、過剰消費をファイナンスしつつ、金融バブルの源資になった。次節にみるいわゆるサブプライム問題を引き起こしたメカニズムは「一種の信用創造スキーム」として機能し（みずほ［3］一〇二頁）、また二一世紀に入り世界のマネーサプライや銀行貸し出しは長期トレンドから著しく乖離して膨張し（同、一三七頁）、バブルを介した金融資産の自己増殖が進んだ。

2　金融自由化とバブルリレー

他方で世界経済は、一九七〇年代前半のオイルショックにより高度成長が破綻し低成長に移って以降は、「成長率そのものが長期停滞気味になってきて、実体経済の投資需要が落ちた」（金子［6］二七頁）。長期金利は企業利潤率と連動するが、「世界の長期金利は七四年をピークとしていっせいに下がっている」（水野［13］七七頁）。日本についても、とくに製造業では利益率は一九九〇年代末まで長期低落してきた。

要するに一九七〇年代なかば以降、世界は実物経済への投資機会の伸びを鈍化させてきた。この利益率の長期低落は、貨幣資本の過剰資本（期待利潤率を実現できない資本）化を意味する。そこにもってきてドルが大量に供給されるわけだから、世界はスタグフレーションに悩まされるが、この過剰なマネーを「活用」する方向に転じさせたのが、レーガノミックス・「経済の金融化」にある。

そのためにまず金融の規制緩和が求められた。アメリカ国内についてみれば、一九七〇～八〇年にかけての銀行金利の段階的自由化、一九七五年の株式手数料の自由化、一九七〇年代から一九九四年にかけての銀行の州際業務規制の解禁、一九九九年の銀行と証券会社の分離規制の撤廃と引き続く。ヨーロッパではイギリスのビッグバン（一九八六年）、ＥＵの域内における資本移動や金融サービスの自由化がなされた。

日本では累積する国債を日銀が市中売却するために金融自由化が求められたとされるが（一九八〇年中期国債ファンド）、決定的なのは一九八四年の日米円ドル委員会による金融自由化（「金融自由化元年」）で、外銀の日本参入、金利自由化、為替の実需原則の撤廃（為替先物取引自由化）、外貨の円転換規制の撤廃が相次いだ（滝田洋一『日米通貨交渉』日本経済新聞社、二〇〇六年）。

国際的にも、変動相場制への移行は、前述のように固定相場を維持するために資本取引（対外融資）を規制する必要をなくし、アメリカでは一九七四年、イギリスでは七九年、日本は八〇年に規制を撤廃した。

こうして内外にわたる金融自由化を通じて過剰資本は世界をまたにかけて高利潤投資（投機）の機会を追求し、その過程で間歇的にバブルとその崩壊を引き起こすことになる。すなわち、一九七〇年代後半の中南米バブル、一九八〇年代後半の日本の不動産バブル、一九九〇年代前半からなかばにかけての東南アジアバブル、一九九〇年代後半のアメリカのＩＴ・株式バブルであり、それに接続するのが今日のアメリカの住宅・金融バブルである（山口［28］Ｉ）。

一九九〇年代後半以降は、バブルリレーが一巡し、過剰資本形成の震源地アメリカにブーメランの如くに戻って、そこではじけて、世界的危機を引き起こしたところにその歴史的意義がある。

今日では、国境を越えた資本取引（社債、株式、直接投資、預金・貸付）も一九九〇年の一兆ドルから二〇〇六年の八・二兆ドルまで急増している（経産省［7］一三頁）。一説によれば、前述の世界の金融資産のほぼ三分の一は投機的に使われている。あるいは機関投資家（年金基金、投資信託等）が運用するマネーは七五兆ドル（鳥畑［26］八頁）にのぼるとされている。

金融工学、金融派生商品、あらゆるキャッシュフローの証券化、レバリッジは、このような過剰資本、投機的資本の期待利潤の実現、「信用創造」、金融資産のさらなる膨張のための手段と位置付けられる。それ自体が金融危機をもたらした元凶なのではなく、元凶は過剰資本である。そして過剰資本にも勝ち組と負け組がいた。勝ち組は機関投資家と金融仲介機関（投資銀行、ブローカー、ファンド運用会社等、そのバックにいる商業銀行）であり、負け組は個人投資家・個人株主である。アメリカの機関投資家はアメリカ株式市場における株の七六％を有する（二〇〇七年、柴田［25］二二八頁）。

これらの勝ち組が築きあげた「砂上の楼閣」「バブルの塔」（小西）が崩壊し、過剰資本が一挙に萎み、実体経済を危機に追い込んだのが今日の世界である。

第2節　世界金融・経済・食料危機

1　サブプライムローン――債権の証券化

今日の問題の直接の発端はサブプライムローン問題である（同問題についてはみずほ総合研究所［3］を皮切りに多くの文献が言及しており、以下は筆者なりの要約である）。

「サブプライムローン」とは、信用力の低いサブプライム層への高利の住宅ローンとされている（その仕組みや高金利性の故に「略奪的ローン」とも呼ばれている（鳥畑［26］、その手口は柴田［25］一七六～一七九頁)。アメリカでは一九九〇年代なかばから信用力の高いプライム層の高級住宅取得が増大し、住宅価格が賃料対比でも急上昇しはじめた。とくに二〇〇〇年のITバブルの崩壊後、エンロン、ワールドコムの不正会計事件、二〇〇一年の九・一一同時テロによる景気低迷への対応策として、FRB(連邦準備制度理事会)が金利引下げを行い、インフレ率を差し引けばマイナス金利という状況が生じるなかで、住宅ローンがふんだんに提供された。住宅取得はアメリカンドリームの華であり、政府の持ち家政策がそれを助長し、持ち家率は七割にも及ぶ(池尾[23]一六六頁以下、藤井[29]一六頁)。こうしてアメリカ経済はITバブルから住宅バブルに移行した。

ところが高級住宅ブームが〇四年頃にピークをむかえたことから、サブプライム層が次なるターゲットになった。サブプライムローンの対象住宅は通常の五〇～六〇%の比較的低価格で、その八五%程度にローンが組まれる。最初の二～三年は六%程度の固定金利でプライムローンと変わりないが、「それを過ぎると変動金利になり、一〇%にはねあがり、さらに一二%になる」(伊東[12]、みずほ[3]では市場変動金利＋三～六%、七八頁)。このようなサブプライムローンが住宅ローン残高の一五%程度を占めるようになった(二〇〇六年の融資の二一%、柴田[25]一七五頁)。

この「略奪的ローン」の先駆けは同じくサブプライム層への中古車の過剰ローンにあったとされている(伊東[12])。中古車ローンは、購入した中古車を担保に入れるが、ローンが返せなくなった時は自動車そのものを返せば済む。アメリカでは住宅ローンも同様で、債務は借りた人ではなく住宅に付けられるため、返済できない場合は住宅を担保流れすればよい(ノンリコース・ローン、非遡及型融資)。

本来であればローンの対象にならないサブプライム層に「略奪的ローン」が急増した背景は、第一に、住宅価格の持続的上昇である。一〇万ドルのローンで買った家が一五万ドルに値上がりすれば、それを担保に一五万ドルの新たな借金をして当初の一〇万ドルを返せば、違約金や手数料等を差し引いても差額の相当額をキャピタルゲインとして実現できる（伊東［12］に具体例）。こうして借金で持ち家と追加所得（「第二の財布」）を得られるのである。

第二に、それでも債務不履行の危険性は残るが、住宅ローンの契約をとるモーゲージ・ブローカーを介して住宅ローンを提供した住宅金融機関（モーゲージバンク）は、債権を売買差益＝手数料五〜六％（柴田［25］一八三頁）をとって後述する投資銀行等に販売するか、あるいは「自分が貸出した住宅ローン債権をまとめて証券化して、売却することによって資金調達をしている」（池尾［23］二六頁）。この住宅ローンを束ねて証券化したのが**住宅ローン担保証券**（ＲＭＢＳ）である（第一次証券化商品）。こうして彼らは債務不履行リスクを他に転嫁しつつ、回収した資金をさらなるローン拡大に投じることができるわけである。

しかしモーゲージバンクは下役に過ぎず、「サブプライムローンの証券化ビジネスは、米銀にとって収益面のドル箱として機能していたといわれており、証券化ビジネスに関する垂直統合、すなわち住宅ローンの供給、証券化、サービシング、トレーディングなどの一連のプロセスを統合するビジネスモデルへの指向」があった（藤井［29］二一頁）。

以上から三点がいえる。第一は、サブプライムローンが可能なのは住宅価格がかなりのスピードで上昇する限りでのことである。第二に、債権転売あるいは債権の証券化システムの下では、ローンが甘い査定で仕組まれ、債務不履行の可能性を高める。しかしそれも第一の住宅価格の上昇で隠蔽される。第三に、モーゲージバンクや投資銀行にかぎらず商業銀行を初めほとんどの金融関係機関がサブプライムローンに直接間接に関与している。

2　証券の再証券化

ＲＭＢＳは、取引所取引ではなく金融機関の間や機関投資家との間で店頭相対売買される（ＯＴＣ）（取引所取引とＯＴＣ取引の決定的な違いについては池尾［23］一一一頁以下）。売った金融機関は売買差益なり手数料収入を手に入れ、買った金融機関は将来の元利償還金受取りの権利を得る。受取りの権利がまっとうされるかどうかは債務（不）履行の如何によりけりであり、いわばリスクの売買になる。

ＲＭＢＳは、リスクの上下（シニアとエクイティ）の部分はヘッジファンド等に買われやすく、真ん中の部分（メザイン）が売れ残りやすいといわれる。そこでＲＭＢＳを組成した投資銀行等の金融機関は、メザイン等の部分を手元に残し、住宅以外のクルマや消費者ローン等を証券化したものと組み合わせて**「債務担保証券」（ＣＤＯ）**を組成して売り出す。第二次証券化商品である（と多くの書物に書かれているが、みずほ［3］一二〇頁によれば、クレジット、クルマ、ホームエクイティ、学生ローン等の証券化商品は通常はＣＤＯに含まれず、金融機関の貸付債権のプール、企業・政府機関の債権のプールを裏付けとするものとされている）。

ＣＤＯもまたＯＴＣ取引され、その詳細は見えないが、ＯＥＣＤ資料ではその取得分布は、ヘッジファンド四七％、銀行二五％、資産運用会社一九％、保険会社一〇％とされている。**ヘッジファンド**は大口投資家から私募した資金を運用する投資ファンドで、リスクをヘッジするように仕組み、規制を嫌って租税回避地（タックスヘイブン）を所在地とし、世界中に八、五〇〇以上、資産運用残高は一二〇兆円超ともいわれる（週間東洋経済［11］、藤井［29］二〇五頁）。資産運用会社（ＳＩＶ）も大手金融機関がバランスシート上のリスクを切り離す（オフバランス）ために設立した投資目的子会社であるが（ＳＩＶの詳しい規定はみずほ［3］一二九頁以下）、そのリスクは最終的には資金提供した金融機関本体が負わざるをえず、後に見る金融危機につながる。ＣＤＯやその他の二次的証券は七〇％がアメリカ、残り三〇％がヨーロッパ、アジア等の市場で発行されるとされている。また二〇〇六年末の国別保有は、ケイマン諸島（タックスヘイブン、アメリカが主だろう）、イギリス、ルクセンブルグ、オランダ、ベルギー、日本、ドイツ、スイスの順で、次いでタックスヘイブンをはさんでアイルランド、中国である（みずほ［3］一〇一頁）。

銀行であればＢＩＳの自己資金八％規制で一二・五倍（一〇〇÷八）までしか資金運用できないが、ヘッジファンドや資産運用会社等は銀行の連結決算対象外であり、自己資本比率の規制も受けないので、自己資本の何十倍もの資金を運用するレバリッジ（てこ）を利かせることになる。〇八年九月に破綻したリーマン・ブラザーズの〇七年のレバリッジ比率は三一倍という（岩田［19］二二頁）。

ＣＤＯは異なるリスクや値動きをする証券が合体されることによりリスクが軽減されるということだが、リスク軽減というよりリスク隠蔽の仕組みであり、「実際には、最初からハイリスクなものにつくられていたとしか思えません。おそらく、ＣＤＯをつくった人たちは、早く売って早く逃げることを考えていたのでしょう」とも言われる（水野［13］五九頁）。

それはともかく経済学的にも「個々のローンのデフォルト確率の増大やデフォルト相関の上昇などの

変化が生じた場合には、証券化が繰り返されている場合ほど顕著な影響がでる」とされており（藤井［29］一五三頁）、証券化の繰り返しがリスクを増幅することになる。

そこでその流通にはリスク評価が必要になるが、そのためにアメリカでは格付会社による格付けが法律で定められている。格付会社はムーディーズとS＆Pで格付の八割を占めるという寡占状態であり、格付対象からの手数料収入に依存し、高く格付ければ高い利益が得られる仕組みになっている（高利益追求が格付けの質を落とす利益相反の可能性が高い）。「格付機関は証券化の組成段階から深く関与し、オリジネーターや投資銀行と高い格付を取得するための条件等を相談しながら案件を進めていくのが一般的である」（みずほ［3］一二六頁、藤井［29］一五五頁以下も格付の問題点を指摘）。アメリカの証券取引委員会によると、「格付け会社のアナリストが発行体との手数料交渉に参加していた事例が多数確認された」（柴田［25］二五四頁）。格付会社はこうして多くのCDOにトリプルAの格付けを与えた。つまり証券化商品の市場の信頼性を確保する制度の根幹に位置する格付会社のビジネスモデルそのものに欠陥があったわけである。しかもその背景には「ウォール街とブッシュ政権の間に癒着構造というか、腐敗が存在した」とまで指摘されている（池尾［23］一二五頁、その実態については金子［30］）。

かくしてCDOはローリスク・ハイリターンの呼び声にもかかわらず、そのリスクが懸念される。そこでCDOが値下がりしたときの損失を補てんする保険（**債務破綻補償証券CDS**）が売り出される。保険料は保証金額の数％とされ、五年契約程度で、CDOに最初から組込まれるものが多いとされる。CDOが値下がりすれば保険会社は購入者に保証金を支払い、CDOの発行元にその元本を請求する。一九九四年に金融工学により開発され、〇七年の保証額は六二兆ドルとされる。保険会社としてはCD

Sの発行に特化した**モノライン**もあるが、世界最大の保険会社**AIG**もロンドン子会社のCDS取引の失敗により政府救済を受けるに至っている。このCDSの主たる購入者はこれまたヘッジファンド、銀行、銀行子会社SIVなどである。「サブプライムローン問題の本当の恐ろしさは、このCDSに潜んでいるという人もいるほど」だとされる（水野［13］六四頁）。

こうして格付会社の高い格付け、CDSによる保証という形でCDOは幾重にもローリスクを保証されたハイリターン商品として金融機関や機関投資家等の間をキャッチボールしつつ金融資産を膨張させていく。CDOを買うファンド運営者も、実はハイリスクを知っていてもアメリカ流の「短期業績主義」による投資家の要求にせかされてハイリターン追求に走ることになる（柴田［25］一八七頁）。

なお以上のキーワードは債権の証券化だが、証券化自体は資本主義そのものにつきまとう現象である。資本主義は自分に似せて世界を作り替える。そこでは恒常的な期待収益（キャッシュフロー）は全て「利子」とみなされ、その利子を生む源泉を「資本」とみなす。その「資本」の金額は、期待される利子を利子率で割って得られる。こうして「擬制資本」化された所得源泉は商品として売買される（証券化の意味については川波洋一「管理通貨制度下の貨幣資本蓄積と現実資本蓄積」富塚良三他編『資本論体系9－1恐慌・産業循環』有斐閣、一九九七年、四三六頁）。

擬制資本化によりひとたび成立した「商品」の価格は、次には市場で、期待収益、利子率、需給に応じて変動する。擬制資本たる「商品」は労働生産物としての価値実体をもたないから価格は無限に上昇もすれば灰燼に帰すこともある。それだけに投機の対象になりやすい。「株式を例にすると、株価高騰、時価総額増大、株価指数上昇は紙の上で表示されただけで実体のない『虚』である」（井村［2］）。時価会計主義はその「虚構」額をそのまま資産計上するから、時価主義の創り出した「虚」でもある（みずほ［3］一〇一頁）。

擬制資本化の最初は土地だった。土地自体は神が天地創造したもので人間労働の価値実体をもたないが、そこからあがる収益と希少性に基づいて場合によっては巨額の価格を有する。次いで企業価値が有価証券（株券）というかたちで擬制資本化された。資本主義を代表する企業形態が証券化の典型となったのである。株は誰でも購入・譲渡が可能な商品として流通する。

そして金融資本主義の時代は、すべてのキャッシュフローを証券化し商品化し自由流通させようとする。そこでは人間労働が投下され価値を創造する生産現場は忘れ去られ、貨幣価値の自己増殖のみが関心の対象になる。それはある意味で「自己増殖する価値」としての資本の本質を最も純化したものだともいえる。

こうして住宅ローンの元利償還金というキャッシュフローを証券化したのが前述のＲＭＢＳやＣＤＯだった。正確には前述のように債権も売買は可能だが、債権の証券化によりその狭い限界を乗り越えて世界中に一般流通する世界商品になる。この世界商品に含まれたリスクが次項の世界金融危機を引き起こすわけである。

ちなみに最近の農政の世界では、イギリス・レディング大学のスインバンク等が、ＥＵの直接支払いの受け取り権利の証券化を提起した（塩飽二郎訳『ヨーロッパの直接支払い制度の改革――証券化をめざして』畜産技術協会、二〇〇六年）。その売買を通じて移動を加速しようというわけである。日本でも経済財政諮問会議等で農地の株式化が提起されたことは記憶に新しい。要するに全てのキャッシュフローを証券化し商品化し市場流通にのせて流動化しようというのは、失礼ながら新古典派経済学の「バカの一つの覚え」である。

以上の「科学的」根拠は金融工学におかれる。金融工学はアメリカのアポロ計画の終結により失業したNASA科学者とソ連崩壊で失業した科学者がウォール街に流れこんで開発したとされるが（相沢［20］七四〜七六頁）、その功罪評価は分かれ、CDOやCDSは金融工学がなくても作れ、「金融工学が必要なのは、これら証券化商品やディリバティブの価値の評価」であり、そうした評価をしなかったところに問題があるという指摘もある（野口［24］二〇三頁）。池尾［23］二〇九頁も「問題は金融工学ではなくユーザー」とし、藤井［29］も「おそらく真の問題は、技術の使い方」とする（.iv頁）。これまた「技術」を論じるときの常道である。しかし「価値の評価」ノウハウには「価値の創造」ノウハウが必要というのが常識だろう（先の格付会社のCDO組成への深い関与はその例）。

3　世界金融危機

この証券化が第一のテコだとすれば、自己資本の何十倍もの資金運用をするレバリッジが文字通り第二のテコになって過剰資本の膨張がとめどなく進んだ（かに見えた）。そして膨張の全ての基礎は住宅価格の上昇である。住宅価格が上昇している限り、RMBSの返済は順調であり、CDOも収益を生み、CDSも保証を求められることなしに手数料収入を確保できる。

その住宅価格の上昇率が二〇〇六年から住宅価格の高騰等による需要減退により減速しはじめ、〇七年に入ると下落し始めた。それに伴いサブプライム層は借り換え困難となり、ひいては返済不能、債務不履行になる（藤井［29］一九頁以下）。債務不履行が発生すればＣＤＯが暴落し、ＣＤＳは履行を求められる。こうしてＣＤＯを大量に保有する投資銀行が破綻に追い込まれ、アメリカの五大投資銀行はリーマン・ブラザーズをはじめとして消滅あるいは商業銀行への転換を余儀なくされる。

投資銀行はそもそも企業の資金調達や財務・資本戦略の助言からの手数料収入に依存する証券会社であり、Ｍ＆Ａなどにより一九七〇年代のアメリカ経済の停滞を救った立役者とされるが、九九年の銀行業務と証券業務の相互参入の解禁により商業銀行系の証券会社との競争が強まり、二〇〇〇年代に入り自らポジション（債権、債務の差額の持高）をとってバンク化しつつ、金融規制は受けない「影の銀行システム」化した（池尾［23］一二一頁）。さらに証券取引委員会（ＳＥＣ）による自己資本規制の二〇〇四年からの適用除外により短期借入金によるレバリッジ比率を高めた（内閣府［14］）。そして「既存の歪みを見つけて裁定するビジネスから、きつい言い方をすると、自ら歪みを作り出すビジネスを行うようになった」（池尾［23］二〇六頁、なお「裁定」とはファイナンス理論では「リスクなしに正の利益をあげられること」藤井［29］六〇頁））。

それが「資産証券化市場の全面的な崩壊によって、過去二〇年以上にわたり『経済の金融化』と『金融の証券化』を先導し、国際金融市場に君臨してきた大手投資銀行の多くが破綻し、そのビジネスモデルが『終焉』を迎えた」（高田［27］）。ＣＤＳを子会社等を通じて発行していたＡＩＧも破綻に追い込まれ政府救済を受けることになる。

前述のように債権は証券化を通じて商品化され、世界中にばらまかれた。アメリカの証券化商品はヨーロッパの金融機関も大量に購入しており、二〇〇七年八月にフランスの銀行最大手のＢＮＰパリバがサブプライム関連のCDOに投資していた傘下のファンドの事業を凍結して「パリバショック」を引き起こし、アメリカの金融不安は世界の金融不安に発展した（ヨーロッパへの波及については柴田［25］一九四頁以下）。「本質的な問題は、サブプライム融資に内在するリスクが証券化という手法によって世界中にばら播かれていったことにある」（浜［16］一二一頁）。

CDOやCDSの保有企業だけでなく、そこに運用資金を融資していた銀行等も貸し倒れリスクを背負うことになり、また自ら保有するCDO等の証券の評価損に陥り、借り手の返済能力を疑って短期資金の貸し出しを拒んだり、高金利を要求するようになり、「銀行、とくにサブプライムローン関連証券に多額の投資をしていた欧米の銀行は、……お互いの資金を融通しあうどころか、現金や中央銀行への預け金を大幅に増やして預金の引き出しや振り込み決済に備えるようになった。このようにして、欧米の銀行間短期資金市場はマヒ状態になり、多くの銀行が流動性不足に陥る一方で、家計や企業は資金調達難に陥った」（岩田［19］三三頁）。

そして主要国の株価は、サブプライム問題が表面化する二〇〇七年秋から金融機関株が、そして一年後の〇八年九月のリーマン・ブラザーズ破綻から金融機関以外の株も下落し始め、サブプライム問題の段階から「世界金融危機」の段階に突入した。二〇〇四年以降のピークを一〇〇として二〇〇九年初めには、新興国・欧州・日本の株価は軒並み三五％程度にまで下がっており、それに対してアメリカは五〇％弱である（AERA［21］）。とくに日本は最も早く二〇〇七年なかばから下落し始めている。日本経済新聞の推計では、世界の株式の時価総額は、〇七年一〇月末の六三兆ドルから〇八年一〇月一〇日の三三兆ドルに三〇兆ドル、半減したとされる（〇八年一〇月一五日付け）。

日本はサブプライム・ローン問題ではあまり火傷しなかったとされている。その理由は日本の金融機関が「欧米流の難解な金融商品についていく能力がなかった」からだとか、日本のメガバンクが不良債権処理を終わった〇五年にはサブプライム・ローンブームは既に過ぎていたとか、新ＢＩＳ規制の導入により証券化商品の一部を売却していたとか諸説があるが（[15]の竹森発言、相沢[20]、みずほ[3]）、仮にサブプライム・ローン問題の一次被害は大きくないとしても、その二次被害としての株価下落の影響はまともに受け、評価損による自己資本比率の低下から資本増強や貸し剥がし、貸し渋りに走るようになった。

かくして、サブプライム問題は「きっかけに過ぎず……根本の原因は金融機関のビジネスモデルやリスク管理体制、さらには、金融規制当局における規制・監視体制が、国際金融資本市場における環境の変化に十分対応できていなかったことにある」（内閣府[14]）。「サブプライム問題は、おそらくは証券化市場をメイン・ステージとした初めての金融危機であり、そういう意味で『二一世紀型金融危機』」（みずほ[3]九八頁）、さらには「今回の金融危機は、一九八〇年代以降に顕著になった経済の金融化、金融の証券化、および金融グローバル化の三つの変化が全面的に進展した国際金融市場で発生した、最初の世界金融恐慌として捉えることができる」（高田[27]）。

4　世界経済危機

金融危機が瞬時に実体経済の危機に波及したのが今回の危機の特徴である。「グローバル恐慌は、企業の資金調達難という形で確実にカネの世界からモノの世界に伝播する」（浜[16]一五八頁）。いわゆる「流動性危機」である。前述のようにまずサブプライム危機に陥った投資銀行等がカネを借りられなくなる。投資銀行等にカネを貸したり、自らCDO等に投資していた商業銀行も前述のように流動性危機に陥り、その貸し渋り、貸し剥がしから企業や家計も流動性危機に陥る。

しかし今日の世界同時不況、あるいはさかのぼって一九三〇年代世界恐慌の原因を端的に流動性危機に求め、そこからの脱出の切り札として貨幣供給、「金融の超緩和」を求めるのが経済学の主流だが（岩田［19］）、それはほとんど同義反復に等しく、あまりに単純ではないか。アメリカの「経常赤字は新興国・発展途上国とユーロ一五カ国および日本の経常黒字を加えたものにほぼ一致する。……つまり、二〇〇〇年代初頭、世界の過剰生産のほとんどすべてをアメリカが引き受けてきたのである」（岩田［19］六九頁）。このような岩田自身が指摘する「世界の過剰生産」、「極端なグローバルインバランス（国際的な経常収支の不均衡）が持続可能なものではないことを示す結果」（池尾［23］一〇頁）になったのが、今回の世界経済危機だといえる。

要するにこのところ世界経済はアメリカの過剰消費に支えられてきたが、そのアメリカの人びとの「第二の財布」といわれるのが、住宅を担保にしたローン、とくに前述の住宅価格上昇を当て込んだ借り換えによる所得増である。サブプライム問題は住宅問題ではなく消費問題と言われる所以である（AERA［21］七三頁）。

アメリカのGDPに占める個人部門（消費と住宅投資）はピーク時（二〇〇五年）で七六・五％（日本の二〇〇六年は六〇％）、アメリカのGDPをおおよそ世界の二五％とすれば、世界のGDPの二割がアメリカの個人部門に支えられているわけである。

そしてアメリカの可処分所得に占めるローン残高比は一・三三倍と高く（岩田［19］五二頁）、とくに先のホームエクイティローンによる現金収入は可処分所得の一六％にのぼり、主たる使途（複数）は、カードローン返済五一％（一種のサラ金生活といえよう）、生活費二五％、住宅修理四三％、投資・納税二二％とされる（鳥畑［26］五四頁）。アメリカの家計の債務返済年限（債務残高を家計の返済余力で割った倍率）は、〇四年までは一〇年程度だったが、〇五〜〇六年に急速に悪化し、八〇年前後、「理論上は一生かかっても返済できない」水準になっている（経産省［7］三五頁）。

住宅をはじめとする資産価格の下落は、このような比重を占める「第二の財布」を直撃し、アメリカの個人消費、ひいては世界の経済を直撃することになった。アメリカの耐久消費財消費は〇七年の第四四半期、すなわちサブプライム問題の表面化とともに低下に向かい、〇八年に入って非耐久消費財も減少に向かった。耐久消費財を代表するクルマが、低燃費車への転換がきかなかったこと、住宅と同じメカニズムによる過剰ローンによる販売だったこともあり、まず減少し、ビッグ3を存亡の淵に立たせている。自動車産業の苦境は日欧も同様である。アメリカの〇九年三月の雇用統計では、連続一五ヶ月して累計五一三万人の雇用減、失業率は八・五％の高水準と報道されている（朝日、〇九年四月四日）。

このようなアメリカの消費・輸入減がとくに対アメリカ輸出に頼るアジアの経済を直撃した（〇七年度の輸出／GDPは日本一六％、中国三七％、輸出の対米依存度は日本二〇％、中国一九％）。かくしてアメリカの過剰消費により隠蔽され先延ばしされていた世界の過剰生産が金融危機を契機に一挙に顕在化したのが今日の世界経済危機だといえる。

ヨーロッパの対米輸出の比重はアジアに比べて低いが、金融危機に加えて、イギリス、アイルランド、スペイン、北欧、バルト三国などではアメリカ以上の住宅バブルとその崩壊が起こっている（内閣府［14］）。ヨーロッパは東欧新興諸国が外資引き上げで経済危機に陥っているのを初めとして株価の下落は日米以上に激しい。「ヨーロッパの危機は、アメリカ発の影響もあるが、アメリカ以上に高い金融機関のレバリッジ比率や住宅バブルの崩壊等、ヨーロッパ自身の問題によるところが大きい」（内閣府［14］）。

「第二次世界大戦以後、すべての国の経済が悪化していて、いいところがひとつもないという事態は皆無」（［15］における竹森発言）だったといわれる、その「皆無」のはずのことが起こってしまったところにかつてない深刻さがある。

ＩＭＦは二〇〇九年四月二二日の見通しで、〇九年の世界経済の成長率をマイナス一・三％と下方修正した。アメリカ二・八％、ユーロ圏四・二％、日本六・二％のマイナスで日本は主要国最大の落ち込みである。ＷＴＯは〇九年に貿易額が九％落ち込むとし、ＩＬＯは〇九年の失業者数は最悪で二・三億人に達するとした。

5　世界食料危機

二〇〇〇年頃から原油、石炭、鉄鉱石、銅などの資源、そして穀物、大豆等の農産物の国際価格が上昇傾向にあったが、二〇〇七年頃から急騰をみるに至った。しかし金融危機から経済危機に移行するとともに価格は下落にむかい、原油価格は元の水準に戻ったが、穀物価格は下げ止まりから〇九年には再上昇に転じている。

図表２　小麦及びとうもろこし価格の変動要因

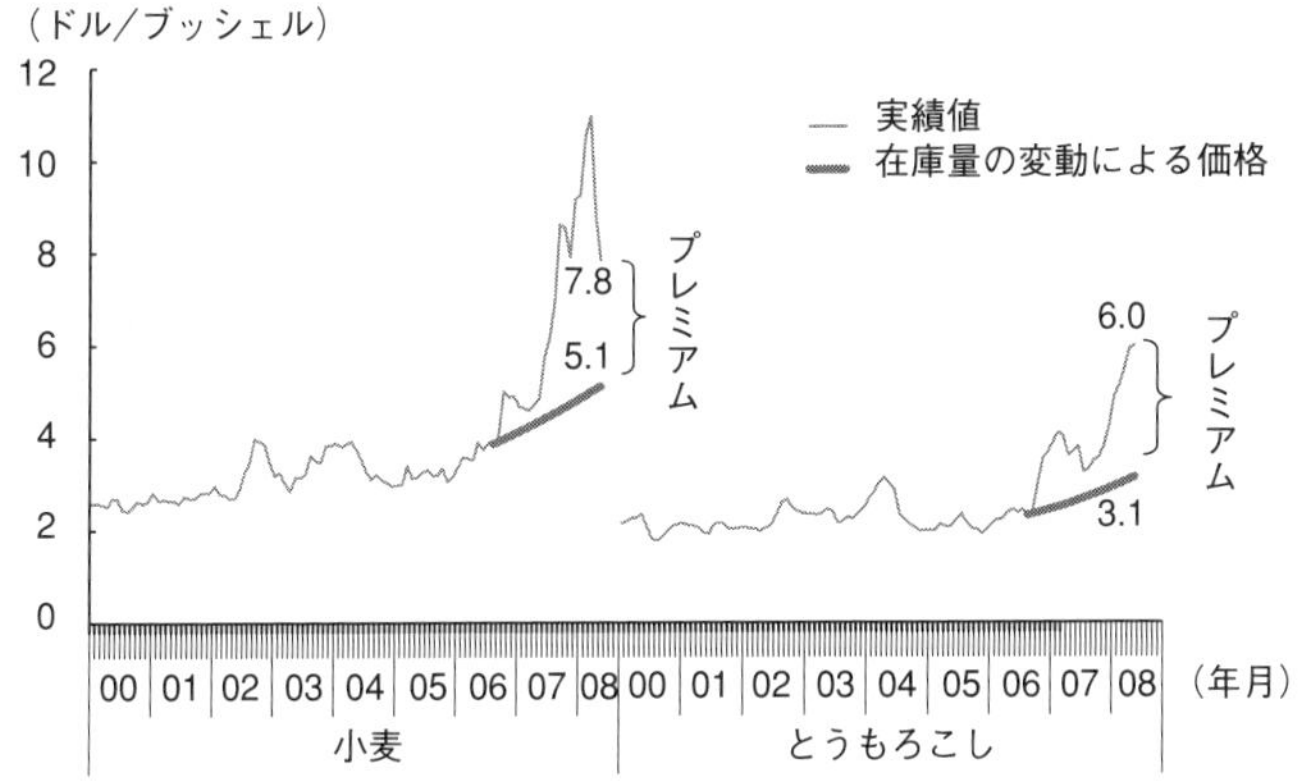

資料：シカゴ商品取引所、米国農水省「World Agricultural Supply and Demand Estimate」、米国農水省「Grain：World Markets and Trade」。
引用：経産省［７］。

このような価格動向の原因をどうみるか。経産省［７］は、小麦、とうもろこしについて**図表２**を用いつつ、「世界全体の期末在庫の予測値の変動のみで説明できる部分の価格が上昇傾向にある中、天候変動による作柄予測や輸出国の輸出規制などの様々な需要要因と投機資金等のテクニカルな要因が複合的に影響して（図中のプレミアム部分）、実績値がそれを大きく上回って上昇している」としている（一八頁）。輸出規制はむしろ高騰から派生した要因とすれば、社会的要因としては投機マネーの流入であり、同書は「投機資金・投資資金の流入が大きな役割を果たしている」点を強調している。同様の傾向は原油や銅価格についてもいえる。とくに二〇〇七年のサブプライム危機以降は金融市場から商品市場への資金移動が著しくなった。

とくに穀物の価格動向については、経産省［７］のように在庫変動に現れるような需給要因と短期的なプレミアム要因に分けてみる必要がある。前者に作用するものとしては新興国等の高度成長・所得増に伴う需要増や穀物のバイオエタノール原料化に伴う需要増が挙げられ、後者については投機マネー等がある。

穀物需要は、二〇〇六年までは新興国の穀物需要の拡大が著しく、二〇〇六年以降アメリカのエタノール用途需要が急増し、とくに〇八年は著しかったが、バイオエタノール化自体が原油価格高騰によって採算性を高めて伸びたという派生的な要因の面もある。

このような資源・食料暴騰の投機マネー主犯説については異論もある。一つは投機マネーが「一因であることは疑いない」としつつも、そこには「落とし穴」があり、「日本の環境エネルギー政策の決定的遅れを免罪しようとする意図が隠されている」（金子［10］四四頁）とするものだが、これは何が主犯かよりも環境問題重視の発言ととるべきだろう。

いま一つは日本農業経済学会の見解で、二〇〇九年度学会シンポジウム「世界的食料価格変動と日本農業」を踏まえて学会提言をしたものだが、そこでは投機資金については「影響を数量的に確定するにはさらに研究が必要」としつつ、食料高騰の主因はバイオ燃料向けの需要拡大と断じている。どうも学会主流の考えのようだが、投機マネーの影響は確定できないとしながらバイオ燃料が主因と断ずるのは、容疑者の一人の犯行は確定できないからもう一人が真犯人だと言うに等しく非論理的である。

他方では今回の食料危機を「単なる金融現象」と片付ける見解もある（川島博之『「食料危機」をあおってはいけない』文藝春秋、二〇〇九年）。確かに「金融現象」だが、それを「単なる」と片付けるのは結果的に学会主流とおなじく投機マネー要因の軽視だろう。これまた「食料問題」自体を否定することに力点がある（新自由主義派に共通する）。

今回の食料危機（価格高騰）は同時期の世界金融経済危機との内的な関連の下に起こった。その両現象を結びつけるものこそ投機マネーである。

資源バブルについては、二〇〇〇年の商品先物取引近代化法で原油など二五品目の指数（インデックス）取引が監視対象から外され、ヘッジファンドの先物市場への流入が強まり、とくに二〇〇四年から活動が活発化したとされる。商品指数取引の長期利回りが株式投資と同程度で、かつ株式市場とは逆相関するという研究結果があり（高田［17］）、これなら株式投資と商品指数取引の両方に投資していれば最高のリスクヘッジになる。

資源・食料は価格高騰したからすぐに増産できるものではないので高騰が続き、そのうえ株式と値動きが異なるので、格好の投資対象になりバブルを引き起こしやすい。

投機マネーの動きを有効に規制できない限り、今後ともバブルは発生し、そのバブルは資源・食料価格の騰貴、食料危機を伴いうる（金子［30］は投機マネーの次なる「ターゲットとなるのは炭素取引（排出権取引）の証券化商品市場である」としている）。

穀物価格は一時は下がったものの下げ止まりし、〇九年には再上昇している。その背景には在庫要因としての新興国の食料需要増やバイオエタノール化も作用しているだろうし、マネーの再流入もみられる。経済危機は途上国に対する農業開発援助等を減退して農業投資を抑制し、途上国の食料危機は深刻さを増し、〇八年の飢餓人口は九・六億人に増加している（朝日、〇九年四月一日）。在庫要因とプレミアム要因を切り分けつつ、その両方に目配りしていく必要がある。

第3節　日本の位置と課題

1　日本の位置

以上ではアメリカを軸に、アメリカを震源地として整理してきたが、それに日本はいかに係わってきたのか。結論的にいって日本は、アメリカを主役とすればそのバイプレーヤーを演じてきたといえ、その責任は大きい。

日本は一九八〇年代後半にＭＥ化投資と資産バブルの二重経済時代を迎えた。累積する貿易黒字によるドルから円に変えられた資金が国内に流入し、ＭＥ化投資に吸収され切らなかった過剰資本が土地・建物・株等の資産投機に回り、一九八七～九一年に当時としては世界最大級のバブル経済化した。

それが金融引き締めにより崩壊した後は、「平成不況」に苦しんだ。不況対策として、一方では国債発行による公共投資が断続的になされ、これまた世界最大級の財政危機をもたらした。他方では構造改革路線が登場し、規制緩和、高コスト構造の是正、自己責任原則、労働者派遣法（八六年）等による非正規労働力の創出、消費税の導入等による国民の購買力抑制により消費不況を強めた。日本では「もの作り」経済への自信喪失と折からのアメリカの新自由主義による金融資本主義化にあこがれる風潮が強まり、アメリカは八九年の日米構造障害協議、九三年の日米包括経済協議等を通じて日本に金融自由化、低金利化、規制緩和など、アメリカ経済を補完し、アメリカ資本の進出を容易にする日本経済への改造を強要した。こうして日本は不況にもかかわらず円高に追い込まれ、技術革新投資が進まず円高吸収力も枯渇するなかで、輸出依存型成長が行き詰まり、設備投資も減退し、デフレ化するとともに、アメリカからアジアへの輸出シフトを余儀なくされた。

二〇〇一年に至り、経済財政諮問会議が設置され、小泉内閣の登場とともに同会議が「構造改革」の先兵となり、九〇年代のゼロ金利政策の行き詰まりから日銀は量的緩和政策に踏切った。こうして二〇〇二年から景気は回復し、〇七年までの「いざなぎ越え」景気を謳歌するに至ったが、その過程は極めて特異であった。九〇年代までは景気回復には賃金上昇が伴ったが、九九年からの短い回復、〇二年からの回復過程では賃金は低下した。労働分配率を引き下げつつ企業利益を確保して内部留保する、格差拡大的な、アメリカ流資本主義の経済のあり方に転換したのである（二宮［18］は格差を世界経済危機の最大の要因と位置付ける）。

従って内需は拡大しないにもかかわらず景気は回復した。それはひとえに第1節でみたアメリカの住宅バブルによる過剰消費、輸入増に依存したものだった。行き詰まったはずの輸出依存型経済がアメリカのバブルで延命されたのである。二〇〇二年を一〇〇として、〇七年の内需の伸びは一一一だが、輸出は一五九に伸びている（山家［22］）。〇二年以降のGDP拡大の六割は輸出によるものであり、かつその割合は戦後の景気回復局面で最大だという（〇八年度経済財政白書）。

そして日本は外需で稼いだカネをアメリカに投資してアメリカの財政赤字と経常収支赤字を補てんした。つまりアメリカが日本に市場を提供し、そこで稼いだカネで日本がアメリカのバブルに資金提供する資金循環が成立したのである。まさに「アメリカ投資銀行株式会社と日本輸出株式会社とは表裏一体、コインの裏表」（水野［13］一六二頁）という関係が成立した。加えて量的緩和により超低金利の円資金がだぶつき、それを借りて外貨に転じて海外で運用する「円キャリー取引」がなされ、日本はアメリカが開帳したカジノへの資金提供者になった。「先日、ロンドンでヘッジファンドの運用者の話を聞いた。運用資金の四分の一は日本からきているそうだ」（寺島実郎「投機マネーの制御に踏み出せ」朝日新聞、〇八年七月五日）。

資金の点では日本の農協貯金も大きく、第3章で触れるように、このところ農協金融の頂点にたつ農林中金は資金の海外運用に傾斜し、日本を代表する機関投資家として巨利を稼いできた。

このように対米輸出に依存した日本経済は、それ故にアメリカのバブル崩壊による市場収縮にもっとも手痛い打撃を受け、アメリカ以上に株価の低落と経済成長率の低下をみることになった。要するに日本経済は既に一九九〇年代にその輸出依存型構造が行き詰まっており、根本的な転換を余儀なくされていたが、それがアメリカのバブル景気に依存することで先延ばしされ、どうにも先延ばしが利かなくなったのが今回の経済危機だといえる。先のアメリカと日本の「表裏一体」「コインの裏表」の関係は、その同時破綻でもある（野口［24］一八二頁）。

今や日本は「戦後最大の経済危機」に直面している。〇九年三、四月の時点で、GDPは年率にして一二・一％の減、株価は〇八年度一年で三五％減、モノ・サービス・投資の経常収支は九六年一月以来はじめて赤字に転じた（海外投資からの所得収支の黒字も大幅減になった）。貿易収支は八五年以降で最大の赤字になった。〇八年一〇〜一二月の年率換算GDPはマイナス一二・七％で、アメリカの三・八％、ユーロ圏の五・七％をはるかに上回る。あるエコノミストは「米国の過剰消費に支えられた『世界同時好況』の恩恵をもっとも受けたのが、日本の輸出産業だった。それだけに、同時不況に転じたときの傷は最も深い」としている（朝日、〇九年二月一七日）。

日本を代表するトヨタ、日産、ソニー、東芝、日立等の輸出大手製造業は黒字予測から短期間に大幅赤字に転落した。鉱工業生産指数は〇五年を一〇〇として〇九年初には七五・八まで落ち込んでいる。〇九年に入り前月比一〇％以上の減が続いている。厚生労働省は〇八年一〇月〜〇九年六月に非正社員一九万人が失職するとし、国が休業手当を助成する雇用調整助成金の対象は一八六・五万人に達する（〇九年二月）。三月の失業率は四・八％に急増し、正社員の有効求人倍率も〇・三二倍と〇四年の統計開始以来の最低をマークした。経済財政諮問会議の委員の一人は二〇一〇年末に失業率七％の可能性を指摘している。

〇九年三月の日銀短観では、七五年の石油ショック時を上回る悪化指標として、大企業製造業、とくに電機、一般機械の景況感（車は過去最悪の九八年を大幅に上回る）、中小企業製造業の設備投資計画減、同じく中小製造業の雇用過剰感があげられる。そのほか過去最悪を上回った指標として製造業在庫、大企業整備投資計画がある。このような実体経済の悪化は、不良債権の累積とさらなる株価下落をもたらし、金融機関の含み損から自己資本比率の低下を招き、金融危機をより激化し、それがまた実体経済に跳ね返る（野口［24］一六八頁〜）。

その後〇九年に入り、欧米の景気下降は底を打ったとされ（GDPの低下が〇九年一〜三月以降横ばいに転じた）、中国、インド、インドネシアはプラス成長を続けており、とくに中国は〇九年に入ってから成長速度を高めている。日本も〇九年四〜六月期には〇八年はじめより初めてGDPがプラスに転じたとされるが（年率換算で三・七％）、もっぱら中国向け輸出増と政府の景気対策による消費増（エコカーや薄型テレビ）によるもので、設備投資はマイナス、失業率は〇九年七月には五・七％に悪化（有効求人倍率は〇・四二倍）、消費者の低価格志向も強く、消費者物価指数の下落が続き、デフレスパイラル化が懸念されている。底を打ったとされる欧米も失業率はともに九・四％に達している。日本経済は輸出先をアメリカから中国等のＢＲＩＣｓに変えただけで相変わらず輸出依存の道を歩んでいるといえる。

2　日本農業への影響

ここで日本の農業・食料への影響をみておきたい。

第一に、一九九〇年代以降の不況過程で国民の食料消費支出は一貫して減少傾向にあり、それが引き続いている。世帯主年齢階層別にみると、若い世帯主世帯ほど購入数量も購入単価も低い品目が多い。若い層で不正規労働力化や格差拡大が進行していることの現れともいえる。二〇〇八年の家計調査では消費支出は一・七％減、食料消費支出は一・六％減となった。日本政策金融公庫の消費者動向調査（二〇〇九年八月）で〇八年五月→〇九年七月の変化をみると、「食の志向」では、安全志向四一・三％→一九・八％に激減、経済性志向は二七・二％→三五・一％へ増加、「高くても国産品を選ぶ」は六三・九％→五七・六％への減である。スーパーやコンビニ等の食品をめぐる低価格競争は今後の一層の激化が予想される。

第二に、円高化が進んでいる。日本は平成不況期に超低金利政策をとって円安化を進め、さらに二〇〇三年をはじめ巨額の円売りドル買いを行って円安を懸命に維持し、これを一種の「輸出補助金」（池尾［23］二八七頁）として対米輸出を増やした。この超低金利下での量的緩和政策が前述の「円キャリー取引」でバブル資金を提供したわけだが、そのバブルが崩壊し、ファンド等が円建てで借りた借金を返して日本から撤退するために円を買う「巻き戻し」で円高に転じた。そのこと自体は一過的だが、今や欧米が一斉に低金利化して金利差がなくなった状況下では円高傾向は続くことになる（野口［24］一六一頁以下、池尾［23］一七頁）。

そして過去の例では円高期には金額表示の自給率の低下が強まる傾向にある。当然ながら高い円で海外農産物を安く輸入するためである。その意味で円高は農産物輸入を増やす可能性がある。政府はこのところ農産物輸出を奨励してきたが、その農産物輸出も円高と世界不況で激減している。なお二〇〇八年度にはカロリー自給率が四一％と一ポイント上昇したが、それは［自給率＝国産熱量／総供給熱量］の分子の国産熱量の減を上回る分母の総消費熱量の減によりもたらされた後退的なものに過ぎない。

前述のようにＷＴＯ、ＦＴＡ・ＥＰＡを通じる新興国等の工業関税のひき下げ、それとの見合いで農業関税を引き下げるべしという自由貿易志向が、次節にみる生産調整政策の見直し、選択制移行という姿を変えた形で継続している。

先に世界食料危機について触れたが、日本は、純食料輸入額において世界トップの位置を占め続けている。一九八〇年代半ば以降の日本の輸入増は穀物よりも他の品目に移っているので単純には言えないが、少なくとも輸入額でみる限り日本の責任は重い。なお純輸入国の上位にロシア、韓国、中国など北東アジアの国々が集中して名を連ねる点も注意を要する。

第三に、原油、飼料、肥料価格の高騰から畜産をはじめ経営危機が深化し、廃業も引き続いている。その典型が酪農で、〇九年三月に価格転嫁しようとしてキログラム一〇円の値上げを敢行した途端に二〇％もの消費減退をみている。次節でも触れるが、収入の停滞・減少、格差社会化の強まりのなかで、消費者の低価格志向は根強いものがあり、農業経営は原材料価格の高騰を自らに抱え込まざるをえなくなる閉塞状況に陥っている。

第四に、経済危機のなかでにわかにテレビ・経済誌等が企業の農業参入や新規就農を取り上げだしており、ハウツウ本も本屋の店頭を飾っている。その折も折、第2章第3節にみる農地法「改正」で株式会社一般の農地賃借が解禁されることになった。技術と経験を要する農業への進出や新規就農はそう簡単ではなく、場合によっては地域農業に混乱を持ち込む可能性もある。

第五に、輸出企業は電機をはじめ地方に深く根をはっているが、大手の地方液晶パネル工場の閉鎖等が相次いでいる。雇用危機が深化するなかで、兼業収入にほぼ全面的に依存するに至っている農家経済も一般労働者家計と同様の影響を受け、農業所得の低下に兼業所得の低下が追い打ちをかけることになる。三大都市圏の地価が外資の引き上げ等から下落しているが、それはいずれ農地価格にも及ぶだろう。

今や農家経済の三分の一は年金等に依存している。販売農家でも農業所得は四分の一で年金以下だ。そして多くの退職者や年金生活者は老後を託すなけなしの資金運用に悩んでいるが、世界金融危機のなかで農協経営なかんずく農協貯金が厳しい状況を迎えている（第3章）。

第六に、政府は追加経済対策として補正予算一五・四兆円を組み、うち農水関係は一兆三〇二億円である。当初予算で三・二％でしかない農水予算が補正予算では七％と倍以上のウエイトを占めるのは自民党農政の失敗、農村部における民主党攻勢を強く意識したものだろうが、制度政策の根幹を改めずに「バラマキ」で農家票を釣ろうという従来型施策は農家をスポイルするだけだろう。農地集積加速化事業にも二、九七九億円が手当されたが、内容は白紙委任に応じた貸し手農家に五年間にわたり一〇アール年一五、〇〇〇円を支払うというもので、今日的状況では貸し手は安心できる相手ならいくらでも借りて欲しいのが現実であり、そういう農家には一五、〇〇〇円は不要であり、それに対して相手を選びたい農家は一五、〇〇〇円に釣られることはなく、予算は国が地方に無理じいしなければ消化されないか、消化されても無駄金だろう。民主党はこのカネを戸別所得補償の財源に回すとしており、貸し手への地代上乗せよりはましかも知れないが、戸別所得補償政策もまた生産調整選択制とも絡んで問題をもつ（第2章第2節）。

生産調整関係も一一六八億円が予定されているが、生産調整をどうするのかという根本を明確にせずしてカネだけだしても一時的な効果にとどまろう。〇七年度補正予算で計上された地域水田農業活性化緊急対策五〇〇億円の八割が使われず国庫に返済される一方（朝日、〇九年三月一〇日）、二〇〇八年度の産地づくり交付金の財源不足により東北等では水田協の半分が減額支給に追い込まれた（日本農業新聞、〇九年一月二一日）。明らかに政策設計のミスであり、生産調整政策は迷走状況にある。

3　今後の事態と課題

（1）どうなる

世界は「恐慌」に突入するのか。参照文献にも「恐慌」と銘打つものが既に散見されるが、それらにも「恐慌」の明確な定義はない。イギリス『エコノミスト』誌のインターネット検索によると、不況と恐慌の言説の境は「実質ＧＮＰ一〇％以上の下落が三年以上続くこと」だというが（池尾［23］二七四頁）、これも言葉上の相場観に過ぎない。いずれにせよ事態は一九世紀的な循環性恐慌とは異なり、非循環的＝歴史個性的なものとして把握されるべきとすれば、過去の事例に照らして恐慌か否かを断定することと自体にあまり意味はない。

戦後世界経済が古典的な「恐慌」を回避しえたのはそのインフレ体質だった。物価が上昇する限り、企業は生産調整、操業率引き下げによる価格維持をしなくてすむ。物価が下落しはじめると寡占的企業は価格維持のために販売量→生産量の削減を行い、雇用は減退し、所得や消費者物価が下がり、企業収益減となり投資意欲は減退し、企業物価指数も下がるというデフレスパイラルに陥り、さらにデット・デフレ（債務デフレ）になる。こうなれば「恐慌」といえよう（侘美［1］、柴田［25］七五頁）。

日本は消費者物価指数が一九九九年以降継続して下落するデフレに陥り、そのような事態に接近した。これを「平成恐慌の第一波」ととらえる見方もある（相沢［20］一六九～一七五頁）。しかしその時は、日本のみの不況であり、「世界恐慌」という意味での恐慌にはならず、前述のように二一世紀に入りアメリカ中心の「好況」によって「救われた」。

しかし〇九年一月にはいって恐れられていた消費者物価指数の伸び率がゼロになり、三月にはついに一年半ぶりに下落した。新聞は「デフレの泥沼目前」（朝日、〇九年二月二八日）と報じているが、まさに日本経済はそのような崖っぷちに今再びたっている。アメリカ経済もデフレ懸念が強まり、世界的にデフレ化の危険性が強まっている。

このようなデフレから恐慌への道を防ぐために採られている政策は二つ。第一は、直接にデフレを防ぐための金融緩和で、既にゼロ金利化している下ではマネー供給しかなく、各国中央銀行による長期国債の買い入れ等を通じる量的規制緩和が進む。アメリカのFRBは半年で三、〇〇〇億ドル（二九兆円）、イングランド銀行は三ヶ月で七五〇億ポンド（一〇・三兆円）、日銀は毎年一六・八兆円から二一・六兆円に増やす（月ベースでそれぞれ四・八兆円、三・四兆円、一・八兆円）（朝日、〇九年三月二〇日）。FRBはその前にも総額八、〇〇〇億ドルの証券化商品等の買い取り（六、〇〇〇億ドルは住宅ローン担保債権）、融資にあてるとしており、「不良債権の重みに耐えかねて中央銀行への信認も輝きを失うのか」と懸念される（浜［16］九四頁）。

第二は、財政出動による有効需要の創出である。アメリカのオバマ新政権は七、八七〇億ドル（七六兆円）の政府支出で三五〇万人の雇用確保を打ち出した。G20サミット（〇九年四月二日）は二〇一〇年末までに五兆ドル（五〇〇兆円）の財政支出を行い世界の成長率を四％底上げするとした。そのほか中央銀行はあらゆる手法で金融緩和、金融機関を監督する金融安定化理事会の創設、ヘッジファンド、格付け会社の規制、タックスヘイブンの制裁、IMF基金の三倍増（七、五〇〇億ドル）、新たな貿易障壁の一〇年末までの禁止等が宣言された。

サミットはそれまでのG7等では対応できないとして新興国等を入れてG20に拡大、アメリカはGNP比二％の財政出動を主張したのに対し、国の債務をGDPの三％以内にする規律をもつユーロ圏は慎重、仏独が金融規制を強く主張したのに対して米英は慎重だったとされる。サミットを受けて日本も一五兆円の補正予算を組み、当初予算に加えて四〇兆円を超える国債発行（赤字国債を含む）を新規発行する（各国の金融危機対策については藤井［29］が一覧表にまとめている。二六六〜二六七頁）。

財政出動の問題点は二つ。第一はそれが有効、有益かである。有効性の点では九〇年代の日本の大盤振る舞いの割には景気がすこしでも上向くと止めてしまい効果を発揮できなかったという失敗の経験がある。有益性の点ではアメリカのオバマ政権の経済再活性化政策は、道路・橋梁の再建、校舎補修、高インフラ整備等による雇用確保、高福祉政策回帰、戦略的産業への投資、クリーンエネルギー開発（グリーン・ニューディール）など、格差・環境・福祉の課題に正面から取り組もうとしている。「これは短期的な需要拡大策というよりは、長期的な経済構造の改革策」であり、オバマ政権は「短期的な景気刺激策を行う意図は、もともともっていないのではないだろうか」という評価もある（野口［24］一六頁）。つまり過剰消費構造からの転換を果敢に追求しているわけである（それに対してオバマ政権は早くもウォール街に取り込まれつつあるという金子［30］の指摘もあり、あるいは大規模の公共事業による環境破壊も懸念されている）。

それに対して日本のそれは太陽光パネル補助、エコカー、省エネ家電、東京外郭環状道路建設など「急速に落ち込んだ輸出産業の需要代替、業界救済の色彩が強い」（吉田文和「景気回復と環境両立が課題」北海道新聞、〇九年八月二七日）。

第二は、それが当然に財政危機を強める点である。とくに日本はＧＤＰに対する政府負債比率が一・六（アメリカ〇・四弱、イギリス〇・四超）であり、ＧＤＰ比二％超というアメリカの主張に率先応える立場にない。日本は貯蓄が多いので国債は消化されるだろうとされているが、財政赤字を累積させる大盤振る舞いは明らかに消費税の大幅増税による取り戻しを考えての選挙対策に過ぎない。

他方、アメリカの財政赤字はＧＤＰに対する重みは日本より軽いが、にもかかわらず米国債の多くは国内消化されず日中欧が買い支えてきた。その世界資金循環が今やマヒしており、誰が、どの国が買うのかが懸念される。消化が難しくなれば金利が上がり返済困難で国家破産のリスクが生じ、それはドル不信認に直結しドル暴落の危機をもたらす。

一九七一年のは金・ドル本位制の変動相場制への移行を今日の危機の始点と捉える本章の視角からすれば、ドルを基軸通貨とする今日の国際通貨体制の行き詰まりこそが、危機の最終的な帰結だと言える。

ともあれ財政出動と金融緩和で恐慌化をいくとめることができるのかどうかの岐路に世界はたっている。そして恐慌対策は、国営化、国家の有効需要創出政策（大きな政府）、金融規制など、民営化、小さな政府、規制緩和の新自由主義のイデオロギーを行動をもって破綻させてしまった。もともと「小さな政府」は「大きな国家」とペアであり、「大きな国家」に体制維持させつつ、その枠内で資本の「営業の自由」を謳歌して、民生部門の負担は縮小する「小さな政府」に過ぎなかった。要するに冷戦体制崩壊という意味での「太平の世」（現実には戦争とテロの時代だが）における「資本の自由」の追求のための「小さな政府」に過ぎず、体制が危機に瀕すればむき出しの「大きな国家」に戻るのである。

新自由主義経済学の一部は、それを部分的に認めつつも、非常時の緊急避難策に限定して合理化するご都合主義をとっている。ケインズ経済学をさんざんけなしつつ、今はケインズ的政策が唯一の切り札だとする都合主義である。今や言説の世界は新自由主義の開き直り、新自由主義の口ぬぐいの修正構造改革路線、新自由主義の総懺悔などさまざまなバリエーションをもつが、水に落ちた犬を叩く類のにわか新自由主義批判はあっても真の理論的な新自由主義批判（二宮［18］）は少ない。

（2）どうする

以下では既に語られている処方箋を整理したい。

第一の課題は、いうまでもなく当面の金融経済危機を大恐慌に突入させないための措置である。おおまかにいって前述のように金融政策と有効需要創出政策に分かれる。前者を強調し超量的緩和による流動性確保を主張する向きもあるが（岩田［19］）、それは当面の企業の資金繰り対策にとどまり、実体経済の回復には有効需要創出政策が不可欠である。構造改革派もそれは認めるが、「拡大政策を停止する条件を、あらかじめ決めておく必要がある」と釘を刺す（野口［24］二六三頁）。政府の一五兆円の補正予算も子ども家族応援手当、がん検診費用等一年限りのものや時限的なものが多い。

いま国民の消費が冷え込み内需がしぼんでいるのは、当面の所得減もさることながら将来の生活の安定が見通せないからである。その意味では緊急対策が同時に長期安定政策である必要があり、オバマ政策はそこを見ている。そのような政策として、高田［27］は「低所得者に厚い社会保障プログラムの抜本的な拡充、教育費の公的負担の大幅引き上げ、医療・介護制度の充実、地域開発や商店街など生活環境関連の社会的投資、雇用確保政策と結びついた中小企業金融に対する公的支援制度、環境問題を念頭においた農業・林業の活性化政策」を挙げている。

また「根本的な社会保障制度を改革しないと、安心して将来の生活設計や消費活動ができない。医療や介護、子育ての面で制度改革を行い、女性労働を引きだそうとするなど、恒久的な内需創出」の主張は至当である（河合正弘の朝日新聞、〇九年四月一七日の発言。河合はただし食料品を除く消費税の引き上げ、個人所得税の最高税率引き上げも主張）。野口［24］も「出生率引き上げ政策と内需拡大」を主張し、その点は大いに賛成だが、これは彼の言う「必要なくなったときに支出を止められる」「一時的な措置」にはならない。根本は格差社会縮小政策である（二宮［18］）。

第二の課題は、危機の直接の原因となった金融資本主義、過剰資本、投機マネーの有効な規制・監督である。問題の根底には過剰資本がある。古典的には過剰資本は循環性恐慌により廃棄されるべきものであるが、今日の過剰資本には国民の年金や退職金、保険金等が転化したものまで含まれている。問題は過剰資本を地球的な規模で環境、貧困、格差対策等の生産的投資に仕向けていくことであるが、そのためにも国際的な投機マネー化の規制措置が欠かせない。

高田［27］はそのための包括的な措置として、①政府・監督機関の責任強化（自己資本比率や格付け制度に係るＢＩＳ規制の見直し、オフバランスのシャドーバンク（「影の銀行システム」）の準銀行並み規制、タックスヘイブンの撲滅、投機課税、レバリッジ制限、空売り規制、時価会計の見直し）、②貯蓄から投資への動きの見直し、③投機マネーの規制、④ワシントン・コンセンサスに代わる多数国協調に基づく国際経済・金融システムの構築、を掲げている。

このうちヘッジ・ファンド、格付け会社の規制、タックスヘイブンへの制裁は〇九年二月のＧ20首脳宣言でも一応は触れられたところである。金融政策派も「レバリッジ比率の上昇を抑制することが金融危機回避のキーポイント」としている（岩田［19］二〇〇頁）。そのレバリッジ規制論は恐らくアメリカのＦＲＢ、ＳＥＣ等からなる大統領作業部会の一九九九年レポートに基づくものだが、他ならぬグリーンスパンＦＲＢ議長の反対で実現をみていない（藤井［29］二〇三頁）。以上、具体的な内容については高田［27］、別の立場から藤井［29］等を参照されたい。

第三の課題は、危機のより根底にある変動相場制下でのアメリカの基軸通貨特権による貿易、財政赤字の垂れ流しと過剰消費経済、その反面としてのその他世界なかんずく日中のアメリカの消費に依存した輸出依存型経済、その結果としての国際収支の極端なインバランス、国際資金移動によるそのファイナンスという世界経済の構造変革である。今回の世界経済危機はその行き詰まりを示した。日本が二〇〇〇年代に極端に追求したような格差拡大、労働分配率を引き下げて内需を冷え込ませつつ輸出で稼いで企業の好景気を謳歌する時代は終わった。

これからの日本は貿易黒字を稼ぐ必要はなく債権国として対外資産の運用で所得収支を稼げばよいという説もある（野口［24］二三四頁）。しかし今日の世界金融危機が示したことは対外資産の運用自体に困難が大きいことだ。日本は残念ながら資源・農業小国として一定のものは輸入依存せざるをえない。そのためには輸出に向けた「ものづくり」経済の再構築が不可欠である。とはいえ新興国が格安のクルマをはじめとして「ものづくり」に励むなかで、日本が一律に「高付加価値型のものづくり」をめざしても、先進国経済が疲弊している下では厳しい。いずれにしても日本人の特性を活かした「丁寧なものづくり」の新分野の追求が必要である。

だが根本のところは前述の内需依存経済への転換である。さらに加えれば「日本版」あるいは「アジア版」の「グリーン・ニューディール」であろう。小泉構造改革の下で都市と農村の社会共通資本やインフラの痛みも激しい。土建国家的なそれは論外として、必要な公共投資は緊急政策と構造転換政策をつなぐものとして必要である（野口［24］二五三頁以下）。農地についてもなお中山間地域や排水不良地域の圃場整備や耕作放棄地の復旧等の潜在需要は多いが、意欲は枯渇している。

第四の課題は、そのような農業の位置づけである。これまでの極端な工業の比較優位を追求する輸出依存型経済はその反面として農業の比較劣位化、相手国への工業関税のひき下げ要求への見返りとしての農産物の実質自由化、輸入依存を強めてきた（第2章第1節）。工業輸出依存＝農業輸入依存型の経済構造だったのである。前述のようにそれが行き詰まった。アメリカの過剰消費に依存した世界経済は、日本や新興国を先頭に、アメリカの過剰消費の抑制により輸出依存の是正を迫られている。それぞれの国が内需依存の方向に転換せざるをえない。

そのようななかで資源や食料の確保が課題になる。前述のように二〇〇八年食料危機の短期的要因は投機マネーだったが、中長期的要因には新興国等の食料需要増やバイオエタノール化があり、いずれ世界経済危機がおさまれば中長期的要因が前面に出る。そして水不足はより深刻になる。

このようななかで中国等の新興国や産油国等の海外資源・農地確保の動きが強まっており、日本もまた遅ればせながら、農水・外務省等でつくる「食料安全保障のための海外投資促進に関する会議」を設け、海外農業投資戦略をとりまとめている。しかし超低自給率の国としては、その前に成すべきことがあるのではないか。

かくして内需依存型経済への転換の一環に農業復権が位置付けられる必要がある。地方や農村の経済的疲弊を放置して内需拡大はありえない。また格差構造を是正せずして国内農産物への需要増もありえない。

〔参照文献〕

〔1〕侘美光彦『「大恐慌型」不況』講談社、一九九八・七
〔2〕井村喜代子「『現代資本主義の変質』とその後の『新局面』」『経済』二〇〇七・一
〔3〕みずほ総合研究所編『サブプライム金融危機』日本経済新聞出版社、二〇〇七・一二
〔4〕高田太久吉「資産証券化の膨張と金融市場」『経済』二〇〇八・四
〔5〕井村喜代子「サブプライムローン問題が示すもの」『経済』二〇〇八・六
〔6〕金子勝『閉塞経済』ちくま新書、二〇〇八・七
〔7〕経済産業省『通商白書2008』二〇〇八・七
〔8〕『米国発世界不況で日本はどうなる!?』洋泉社MOOK、二〇〇八・七
〔9〕竹森俊平『資本主義は嫌いですか』日本経済新聞出版社、二〇〇八・九
〔10〕金子勝他『世界金融危機』岩波ブックレット、二〇〇八・一〇
〔11〕「ニッポン経済　大波乱」『週刊　東洋経済』二〇〇八・一一・八
〔12〕伊東光晴「世界金融危機から同時不況へ」『世界』二〇〇八・一二
〔13〕水野和夫『金融大崩壊――「アメリカ金融帝国」の終焉』NHK出版生活人新書、二〇〇八・一二
〔14〕内閣府政策統括官室『世界経済の潮流2008年Ⅱ』二〇〇八・一二（内閣府ホームページ）
〔15〕『米金融危機、日本の活路はどこにある?』洋泉社MOOK、二〇〇九・一
〔16〕浜矩子『グローバル恐慌』岩波新書、二〇〇九・一
〔17〕高田太久吉「暴走する投機経済の行方」『経済』二〇〇九・一
〔18〕二宮厚美『新自由主義の破局と決着』新日本出版社、二〇〇九・二
〔19〕岩田規久男『世界同時不況』ちくま新書、二〇〇九・三
〔20〕相沢幸悦『恐慌論入門』NHKブックス、二〇〇九・三
〔21〕「世界経済の新常識」『AERA　BUSINESS』二〇〇九・三・二〇

［22］山家悠紀夫「対米依存から国内需要が支える経済に」『経済』二〇〇九・三
［23］池尾和人他『なぜ世界は不況に陥ったのか』日経ＢＰ、二〇〇九・三
［24］野口悠紀雄『未曾有の経済危機　克服の処方箋』ダイヤモンド社、二〇〇九・四
［25］柴田徳太郎『資本主義の暴走をいかに抑えるか』ちくま新書、二〇〇九・四
［26］鳥畑与一『略奪的金融の暴走』学習の友社、二〇〇九・二
［27］高田太久吉「国際金融恐慌と現代資本主義の課題」『前衛』二〇〇九・五
［28］山口義行編『バブルリレー』岩波書店、二〇〇九・二
［29］藤井眞理子『金融革新と市場危機』日本経済新聞出版社、二〇〇九・五
［30］金子勝他『脱「世界同時不況」』岩波ブックレット、二〇〇九・六

第2章　混迷する新自由主義農政

はじめに

一九五五年体制下で、農村を政治基盤にした自民党は、高度成長を推し進めながら、そのトリクルダウン効果を農村に及ぼすことで社民的政策を代行しつつ長期政権を維持してきた(1)。しかし一九八〇年代後半以降、グローバル化が本格化しだすと、日本がグローバル国家化をめざすうえで、かつての戦時体制下における地主制のように、社民的政策は新たな国家戦略と矛盾を来すようになった。自民党はアメリカやガットURに妥協しつつ、それを「外圧」に仕立てて、日本農業を守るかのポーズを取りながら、なし崩しに自由化を推し進め（URの決着受け入れは非自民の細川内閣であり、その批准は連立政権の村山内閣というようにその形式責任は他に押しつけつつ）、同時にそのアフターケア政策を講じることで従来型の政策を継続しようとしてきた。UR対策はその典型である。

一九九〇年代は、農政はコメ自由化反対運動に敗北した農協陣営を政府自民党との三者体制の枠に囲いこんだ上で、一九九二年の新政策から一九九九年のコメ自由化と新基本法の制定に至る新自由主義農政への移行期を歩んだ。それにより自民党は徐々に自らの政権基盤を掘り崩しつつあったが、それを致命的ならしめたのが、「自民党をぶっ潰す」と叫んで登場した小泉内閣であり、その「構造改革」路線だった。「構造改革」とは、第1章でみた金融資本主義を日本に導入するための「労働・土地・資本といった生産要素にかかわる規制や制度・慣行などの『構造』を解体し、市場で流動化させる」路線であり(2)、農業政策においても新自由主義農政の追求が本格化した。

その基本性格は、WTO・FTA体制に即応することであり、そのための主たる「改革」対象は「構造」としての「価格政策とコメと農地」であり、価格政策から直接支払い政策への移行、米政策「改革」(生産調整政策)と農地制度「改革」が三本柱になった。

しかしそのことは文字通り「自民党をぶっ潰す」ことになった。その現れが、二〇〇七年の参院選、二〇〇九年の衆院選である。民主党は「戸別所得補償政策」を掲げて農村票をさらい、その衝撃を受けた自民党もまた「農政の見直し」に転じ、経営所得安定対策の選別対象を緩めたり、生産調整政策を再強化したりして新自由主義農政の部分的な手直しを図った。このようなジグザグが農政の「混迷」の一因だとすれば、さらにその深部にあるのは、第1章にみたように新自由主義がその土台となる金融資本主義もろともに「チェンジ」の対象となっているまさにその時、日本の農政が依然として新自由主義農政を追求し続けるアナクロニズムにある。それは新自由主義のブレーキとアクセルを同時に踏むような「混迷」でもある(3)。

政権交代にかかわらずその点は変わりないだろう。民主党は戸別所得補償政策でまず農村の点数を稼いだ。次いで「日米FTA締結」で反発を受け、急いで「交渉を促進」に文言修正した。その際に「食料自給率向上、国内農業・農村の振興を損なうことは行わない」と付記して農業を交渉から除外するようなポーズをとった。それに対して後述するように自由貿易と自給率向上は矛盾しないとする小沢一郎が反発するなど、民主党もまた混迷している。そもそも農業という一産業部門全体を例外措置にするFTAは認められないし(4)、農業を除外したらアメリカにとって日本とFTAを結ぶ意味はない。

元もと同党にとってFTAの推進は「従来からの基本方針」だったのである。民主党政策を整序すれば〈FTA→農産物自由化→戸別所得補償〉であり、その点では極めて「首尾一貫」している(5)。すなわちその論理を推測するに「①WTOにせよFTAにせよいずれ農業関税は引き下げ・撤廃せざるをえない、②そうすれば安い外国産米等の輸入が増える、③そうなるといくら生産調整して過剰分をカットしてもその分は外国産米がうずめてしまうので生産調整政策は無効化する、④その場合にも直接所得補償を行うから心配ない」である。民主党の案は、生産調整した者のみに直接所得補償するものだから、生産調整については選択制であり、その点では自民党の一部が検討したものと同じである。

自由化で価格が下がっても所得補償するから「食料自給体制の確立と自由貿易は何も矛盾しない」というのが小沢一郎の持論だが、そんなことはない。自由貿易にすれば安い外国産農産物が輸入され、いくら所得補償しても価格的に国内農産物は対抗できない。自給率は下がり、いずれ所得補償対象農家も首を絞められる。しかるに特に東日本水田地帯等では、いくら自由化されようと関税が下がろうと、また生産調整をやめて米価が下がろうと、直接所得補償さえあればというムードが拡がった。

自民党政権が続いたとしても来るＷＴＯ交渉においては同様の結末になるであろう。ＦＴＡについても民主・自民の違いは「日米」と具体名を挙げたか否かの差だけで、双方とも積極的な点に変わりはない。かくして政権交代しても農政の基本枠組みは変わらない。いいかえれば新自由主義農政の混迷が続くことになる。

第１節　ＷＴＯ農業交渉

１　金融資本主義とＷＴＯ体制

第１章で見た金融資本主義化とＷＴＯの自由貿易体制はいかなる関係に立つのか。とくに一九八〇年代後半以降、金融自由化と貿易自由化が手を携えてグローバル化を主導してきたことはいうまでもない。そのなかでとくにアメリカは、一方でそれ以前から生産の外部化、在外調達を軸に多国籍企業化を進め、国内産業を空洞化させせつつ、他方では金融資本主義化による金融の収益ウエイトを高めてきた。「ＷＴＯ体制はこうした国際的下請け生産という格差構造を固定化し、多国籍企業に莫大な収益を保証する経済秩序を支えている」（増田正人「アメリカの経済危機の国際的波及と世界経済」政治経済学・経済史学会春季総合研究会報告、二〇〇九年六月二七日、同学会ホームページ）。要するに多国籍企業の企業内貿易をスムーズにさせることによって、途上国等の「搾取」を強めてきたわけである。

そのなかで遅れて他国籍企業化した日本は、国境の内側に閉じこもって物づくりに励んできた面が強く、それは国境をはさんでの「輸出」（貿易黒字稼ぎ）と経済の形をとることになる。そのような日本にとってWTO・FTAを通じる工業面での自由化、関税の引き下げ・撤廃は焦眉の課題であり、見返りに要求される農業関税の引き下げに応じない農業は、国益を阻害する邪魔者として繰り返し財界や政権から攻撃を受けることになった。

そもそもWTOの設立に帰結したガット・ウルグアイ・ラウンド（UR）は、米欧「穀物戦争」と日米経済摩擦を背景にしつつ、レーガン・中曽根の日米首脳会談から始まった(6)。

そして今、世界金融危機のなかで、モノ・サービスの貿易に係るWTO交渉の促進に一段と拍車がかけられているのが現状である（後述）。日本農政にとってはWTO農業交渉が所与の外枠となり、それにいかに対応するかが主題となる。本節はその点をみていく。

2　WTO農業交渉——二〇〇七年まで

ガットURの実施期間は一九九六〜二〇〇〇年の六年で終わり、二一世紀には新ラウンドを立ちあげて完全自由化をめざす段取りだったが、そのための一九九九年のシアトル閣僚会議は決裂した。ガット時代と異なり途上国が対等の交渉者として登場して多数を占め、先進国有利のWTOの是正を求めたのが決裂の原因だった。新ラウンドは当初からもたつき、二〇〇一年一一月にカタールで「ドーハ開発アジェンダ」の名でやっと立ちあげられた(7)。

「開発」という名前に途上国への配慮（リップサービス）を滲ませたラウンドだったが、モダリティ（各国共通に適用される具体的ルール）の確立をめぐり、〇三年九月のメキシコ・カンクンの閣僚会議も決裂、そして二〇〇八年の交渉もまとまらなかった。URは実質八年かかったが、新ラウンドはそれを越える長丁場になるが、この四半世紀を顧みると全体構図は意外に変わっていない。

二〇〇〇年の農業交渉の開始に際しての「日本提案」は、農業も工業と同様に扱うべきとするアメリカやケアンズ・グループ（輸出補助金なしの輸出国）の「農工一体論」を「行き過ぎた貿易至上主義」と断じ、それに対して「人類の生存権にも通じる」「多様な農業の共存」を対置し、農業の多面的機能、食料安全保障の確保を「非貿易的関心事項」として強調した。それ自体は「食料主権」にも通じる崇高な理念だが、他方で集中豪雨輸出で他国工業を押しつぶす「非共存」的な日本の経済構造に目をつぶる点で説得力に欠け、自由貿易のための形式論理と数字が支配する現実交渉の場での効力は乏しかった。

二〇〇三年三月がモダリティの確立期限とされ、それに対する議長提案では九〇％以上の関税率の品目について平均六〇％、最低四五％の関税引き下げ、関税割当（低関税輸入枠、以下TRQ）の国内消費量の一〇％（最低八％）への拡大等が盛られた。交渉は大幅自由化を主張するアメリカ・ケアンズグループとUR並みの漸進的自由化を主張するEUとの対立となり、日本は同じ多面的機能グループと信じたEU支持に回った。

しかるに**二〇〇三年八月**、そのEUが、交渉の打開を目指してアメリカと手を組み、上限関税の設定、それを免れる「重要品目」についてはTRQ拡大という共同提案を行った。これはコメなど高関税品目を抱え、ミニマムアクセス（MA）米拡大に悩む日本が最も恐れていた提案だった。この上限関税案は、日本等の反対に配慮して、「ごく限られた品目」については例外扱いする旨をカッコ書きしつつ最終提案された。

結局このカンクン閣僚会議は、途上国を別扱いせよというブラジル・インド等の「途上国ボックス」

の要求が強まるなかで決裂した。しかし米欧提案とそれを踏まえたモダリティ案の骨格はその後の交渉の基調となり、日本を苦しめることになる。

二度の決裂はWTOが先進国vs途上国の対立の場に化して減速せざるをえないことをあからさまにし、自由貿易促進の軸足はWTOからFTA（自由貿易協定）に大きくシフトした。WTO軽視の風潮が強まったわけだが、自由貿易促進の効果という点ではWTOはFTAの比でない。その「腐っても鯛」のWTOは、ようやく**二〇〇七年七月**に議長のモダリティ第二次案の提示にこぎつけた。その市場アクセスに関する主内容は、①関税率によって品目を四つの階層にわけ、例えば関税率七五％超の最高階層については関税を六六～七三％引き下げる。②有税品目（全品目でなく関税が課されている品目）の四～六％については重要品目として関税削減率を①の三分の一～三分の二に引き下げることができるが、その代償としてTRQを三～六％増やす。重要品目を八％まで拡大した場合はTRQをさらに割増す。③削減後の関税率が一〇〇％超の品目が五％以上ある国はTRQを追加拡大する、である。また輸入禁止・制限措置については、実施期間後一年以内に撤廃するものとした。

日本は実務交渉で、上限関税の考えを削除した点を評価しつつも、その代替措置としての③に反対し、また②について、全品目ではなく有税品目を母数としたこと、代償措置を求めていることに強く反発した。

しかし二〇〇七年の日本の主たる関心事項はWTOでなく日豪EPA交渉だった。農業サイドとしては超輸出大国オーストラリアとのEPAには慎重にならざるをえず、それに対して財界等はとくに経済財政諮問会議を通じて農業バッシングを行った。しかし、これら一連のあまりに露骨な構造改革路線は七月の参院選で手痛い反撃を受け、内閣も変わり、「農政の見直し」に転じることになった。

3　WTO農業交渉──二〇〇八年

(1) 世界食料危機とWTO交渉

二〇〇八年は食と農の激動の年だった。一月末、中国製冷凍ギョーザから農薬が検出された。輸入に依存した日本の食の危うさを象徴する事件だった。関係者はバイオ・テロということで片付けて責任逃れしたが、九月にもメラミンの食品混入事件がおきた。

二〇〇八年二月に第三次モダリティ案（後述）が提示されたが、食料情勢は一変しWTOどころではないというのが日本の大方の捉え方だった。前章でみたように春からは世界的に穀物価格の急騰が起こり、アジア・アフリカを初め世界各地で食料暴動まで起きた。国内では飼料価格や資材価格の高騰から畜産農家をはじめ経営危機が強まった。四月に東京でG８開発相会議が開かれたが、議長国日本は食料問題を議題にしておらず、参加国からの議論噴出に対応できなかった。

六月にはローマでＦＡＯの食料サミットが開かれ、日本から時の福田首相が出席し演説した（二〇〇八年六月三日、外務省ホームページ）。曰く「日本政府の保有する輸入米のうち、三〇万トン以上を放出する」、「食料市場の現状に、投機的な側面、あるいはそれ以外の、実需から乖離した面があるとすれば、我々は、それを監視するという強い政治的意思を示すべき」「農産物の輸出規制等の措置の自粛を呼びかけたい」「世界最大の食料純輸入国である我が国としても、自らの国内の農業改革を進め、食料自給率の向上を通じて、世界の食料需給の安定化に貢献できるようあらゆる努力を払います」「バイオ燃料のために世界の食料安全保障が脅かされることのないよう、原料を食料作物に求めない第二世代のバイオ燃料の研究と実用化を急ぐ」。しかしバイオも輸出規制も共同宣言には盛り込まれず、マスコミの評価も低かった。

次いで七月上旬には洞爺湖サミットが開催されたが、ここでも日本のイニシアティブは発揮されなかった。サミットではＧ８の「食料に関する首脳声明」が出されたが、ここではあっさりと「輸出規制の撤廃」が入った。問題はＦＡＯ食料サミットとの違いがどこからくるかだが、答は簡単だ。すなわち食料サミットは世界中から参加し、そのなかには規制措置をとらざるをえない食料供給が脆弱な途上国も多数含まれる。彼らが食料危機に際して輸出規制するのは食料主権の行使として当然である。それに対して先進国サミットのＧ８は日米英仏独伊加露にＥＵであり、輸出規制したのはロシアのみ、そのロシアも規制緩和に転じ、かつロシアはまだＷＴＯに加入しておらず、いずれも輸出規制の撤廃に痛痒を感じない国なのである。

サミットでは「ＷＴＯ交渉の加速化が必須」と声明された。世界食料危機は「開放的で効率的な農産物および食料市場の発展」により解決されるべきというのが先進国の意向だった。つまり先進国サミットに通底するのはＷＴＯ・自由貿易の促進こそが最善という考えである。そのサミットがＷＴＯ閣僚会議をプッシュして七月の開催となったわけだが、閣僚会議ではあたかも世界食料危機など存在していないかの如くに論議が進んだ。

先の二〇〇八年二月のモダリティ案では、関税引き下げ率を抑えられる「重要品目」の割合は六%、最大で八%とされた。日本は全一、三三二品目のうち高関税品目を一六九品目抱え、かねてから重要品目一〇%を主張してきたが、日本政府は「この文書を叩き台としつつ、マルチの場で議論を積極的に行っていくことが肝要」とした。すなわちこの時点で重要品目一〇%の主張を八%に引き下げたわけだ。

しかし対立が続くなかで、農水省幹部が「もう決裂だ。交渉は明日で終わり」（朝日、二〇〇八年七月二七日）としたその翌日、ラミー事務局長が「伝家の宝刀」を抜いて事務局長裁定案を提示した。その市場アクセスの主内容のみを示すと、①高関税品目の関税削減率は約七〇%、②削減率を①より低くできる「重要品目」は全品目の原則四%だが、代償付きで六%まで増やせる。③重要品目についてはTRQを国内消費量の三～四%拡大する、④上限関税への言及はないが、代わりに重要品目＋全品目の一%のみについて、一〇〇%超の関税を代償付き（TRQを＋〇・五%）で認める、である。

要するに、「重要品目」は四%、上積みは二%（計六%）と明示され、原則を厳しく設定し、その「例外」措置にはTRQ拡大というペナルティを課すという発想で、これもUR以来のものであり、日本の八%案は容れられなかった。

そもそも重要品目数四%、TRQ拡大幅四%を提案したのはEUであり、アメリカが同調したとされている。それが土台になったわけで、日本はまたもや欧米に煮え湯を飲まされ、さすがにかつては盛んだったEUとの連携論もなりをひそめた。四%では日本は五三品目しか重要品目にできないから、米（一七品目）、麦（三九品目）と乳製品等（四七品目）のごく一部しか指定できない。でんぷん、雑豆等、砂糖等の北海道・南九州・沖縄を主産地とする作目は切り捨てられる。

米を重要品目にして、関税削減率（七〇%）を最小限（三分の二）にとどめれば（七〇%の三分の二の四七%減）、現在のキログラム三四一円の一八〇円となり、タイ米八〇円とすれば輸入価格は二六〇円、これに輸送費等を加えれば日本米の二三〇円程度に接近する。また重要品目はTRQを国内消費の三〜四％増ということなので、MA米は消費量八三三万トンの少なくとも三％、二五万トンが現在の七七万トンにプラスし一〇〇万トン台になる。先の④を加えれば一〇六万トンになり、食料危機の世界から必要のないコメを輸入するという日本の矛盾を決定的に強める。

このように日本の関心はもっぱら市場アクセスの重要品目等にあったが、決裂はその思わざるところで起こった。すなわち途上国向けの特別セーフガード（緊急輸入制限措置SSM、約束した水準を超えて関税を引き上げられる措置）について、調停案は輸入量が基準の一四〇％を超えた場合に発動できるとしていたが、途上国連合（一〇〇カ国）は厳しすぎるとして対案を提起していた。最終局面でインドが調停案を容認できないとし、中国がそれを後押ししてアメリカと決定的に対立し、閣僚会議は決裂となった。報道によると、直前の二八日の会合でアメリカが中印を激しく非難したことが伏線になったようだが、背後には工業関税を巡る攻防があり、農業のそれは多分にアメリカ・インド・中国のメンツ争いになったようだ。

新聞は、日本が経済大国として「仲介に動いた様子はほとんどみえなかった」「当事者意識を感じられなかった」「決裂で譲歩が先送りされるのを願っているだけ」「決裂で胸をなで下ろしている日本の農業関係者は少なくないだろう」（朝日、七月三一日、八月一日）と報じた。後に汚染米事件で辞めた農水次官は、日本の八％提案は依然として交渉のテーブルにのっているとしたが（日本農業新聞、〇八年八月一五日）、交渉の修羅場から遠い霞が関だけに通用する強弁だ。

こうして一度は決裂した交渉だが、一一月下旬には再開されることになった。金融危機で金融がだめなら貿易しかない、経済危機による保護主義の台頭を防ぐ必要があるという、金融サミット（G20）や

ＡＰＥＣにおける各国首脳の熱意に押されたものだった。

これまた日本の想定外であり、日本農政はふたたび苦境にたたされた。会議に臨んだ農水相は「柔軟姿勢」と伝えられた（朝日、〇八年一一月二二日）。すなわち重要品目の上乗せとそれに伴う代償措置（ＴＲＱ拡大）を考量し、何がなんでも八％死守ではないということだろう。

しかるに閣僚会議は、前述の途上国向けセーフガードに加えて、非農産品の分野別関税撤廃をめぐる先進国と新興途上国等の対立により最終的に年内合意は断念された。

肝心の交渉内容については、一二月上旬に農業議長テキストの改訂案が提示されたが、そこでは重要品目の原則四％、二％上乗せの項で「日本とカナダはこの制限に同意していない」として、カナダについては二つの案を提示したが、日本については、カナダ方式では解決しないが「他のアプローチを提示するだけの基礎を議長として持ち合わせていない」と注記した。日本政府は、日本が八％を主張していることが明示された成果を強調したが、議長案を素直にとれば「日本については匙を投げた」と読める。

以上では触れなかったが、日本の高関税品目にはＴＲＱをとっていないものもあり、その重要品目化も難しい。いずれにせよ重要品目リストに載せられない高関税品目が残る。また重要品目といえども相当の関税引き下げであり、ＴＲＱの拡大という難問がつきまとう。ＭＡ米も相当の拡大が見込まれる。

交渉後、自民党農林幹部が各国を歴訪しているが、インドでは「日本は工業で競争力があるが、そこでの市場アクセスを求めるのであれば、農業で市場アクセスを求められるのは自然なことだ」、中国では「日本の提案の実現は難しい。日本は孤立しているが、中国としては、日本がラウンドを壊した悪者とならないことを望む」といいなされている。

（2）内政の混迷

内政面では、九月にはＭＡ米等の汚染米事件が発生した。汚染米が食用化されたこの事件は国民を震撼させた。これは象徴的な事件だった。第一に、ＭＡ米というＷＴＯから押しつけられた不要な輸入農産物が舞台になったこと。第二に、農水省次官が「第一義的には我々の責任ではない」と言い切ったこと。「悪いのは業者」というわけだが、政府が購入したＭＡ米の販売者責任の放棄、国民の食の安全に対する責任の放棄は、次官を辞職に追いやっただけでなく、消費者庁の設置で農政を食料行政の主役から引きづり降ろした。大臣も辞めたが、〇七年から農水大臣は六人を数えた。

一一月に入り、麻生首相は地方分権推進委に地方農政局の原則廃止の検討を指示した。汚染米のツケが首相直々のお達しとして回ってきたわけだ。一二月に地方分権推進委は農政局の統合と農政事務所の廃止を第二次勧告に盛り込んだ。地方農政局を統合したら「地方」の意味がないだろう。食糧事務所を衣替えした農政事務所は食糧庁廃止時に既に命脈がつきていたが、経営所得安定対策のメッセンジャーボーイとして延命させてきた。しかしそれが機能していないことが汚染米事件で暴露された。農政局と農政事務所の職員は併せて約一・五万人強、省全体の六割にも及ぶという。働く者にとっては大変なことだが、地方の反応は冷ややかだ。騒ぐはずの日本農業新聞も「賛否分かれる」と大見出しを付けた。そして組織というものは出先から潰されていく。

一二月下旬、二〇〇九年度予算の政府原案が決められたが、一般予算六・六％増のなかで農林予算は二・四六兆円で六・七％減、全体に占める割合も二・七％にとどまった。

一二月はじめには「農地改革プラン」が発表され、一般株式会社の賃借を認めた。これで農地改革以来の農作業に常時従事する者のみが農地の権利を取得できるとする農地耕作者主義は放棄され、残るのは株式会社の所有権取得の禁止のみとなった（第3節）。

同月には、農水省は「新たな食料・農業・農村基本計画の策定に向けて～我が国の食料自給力・自給率の向上～」、一〇年後に食料自給率五〇％へのアップをめざす「食料自給力・自給率工程表」「農林水産省改革の工程表」を公表した。そこでは自給率と自給力が絶えず併記されているように、そしてまた「食料の安定供給の指標として、どのような取り方をするのが適切かも含めて、検討することが必要である」との文言にもみられるように、政策目標の指標を「自給率」から「自給力」に切り替える意図もみられる。自給率は国内消費と国内生産の相対関係であり、絶対値としての供給力を示すものではなく、日本農業にとっても大切なのは供給力の絶対水準である。しかし「自給力」を指標化するのは生産要素ごととなり複雑になる。「自給率」一本での国民合意ということが新基本法の理念だとすれば、問題を残すことになろう。

以上を達観すれば、農業問題である以上に食料問題の一年間であり、それに適切に対応できない農林行政問題の一年だった。しかし最後に来て、自給率という食料問題から自給力という農業問題への揺り戻しもみられ、まさに「混迷」の農政である。二〇〇九年については次節以下に譲る。

4 日本の課題

以上、WTO交渉経過を長々とみてきたが、その特徴は、第一に、前述のインド発言にみられるように、日本は工業分野では新興国・途上国やEUに対して関税引き下げを強く要求している。〇八年暮の非農産品の分野別関税交渉でも同様の立場である。かくして「経産相が非農産品で一層の市場開放を要求していることは、先進国、特に価格競争力が弱い日本の農業を攻撃するよう、途上国をけしかけているようなものだ」（日本農業新聞、〇八年七月二七日）というのは至言である。先のＷＴＯ事務局長案を適用すれば、経産省試算では、ＥＵ向け家電輸出の関税は一四％から五・一％に、自動車の一〇％から四・四％に下がるとされ日本の「製造業には恩恵大」なのである（朝日新聞、〇九年八月一四日）。

第二に、日本は重要品目の原則四％には反対せず、もっぱら上乗せ措置の二％から四％への拡大（計六％から八％へ）を主張している。また上乗せする場合のＴＲＱの拡大という代償案も日本からアメリカ等にもちかけていたものという（日本農業新聞、〇八年八月九日）。要するに日本は早々と原則案に同意する形で交渉のカードを切ってしまい、後は自国利害を主張するのみで、国際的孤立の道を歩んでいる。今回の交渉経過はあまりに拙劣だった。

第一の点は国際対立にみえることが、実は国内における農工対立であること、第二の点は日本が一貫して自国利害のみの主張者にとどまり国際交渉のプレーヤーにはなれないことを示す。存在感がなく違和感だけ残して孤立する国と言うことである。

今後の交渉については、二〇〇九年七月のイタリアでのＧ８サミットで二〇一〇年中の妥結が打ち出され、〇九年九月にはインドで非公式閣僚会合が予定されている。これまで決裂の一方の主役だったインドは、今度は先のセーフガードについて妥協する用意と伝えられており、日本の立場はさらに厳しくなる。以上の交渉経過に加えて政権交代となれば、長らく自民党農林族が国際交渉にあたってきただけに、交渉環境も苦しくなる。

日本では、「はじめに」でも触れたように、交渉再開時における日本の農業関税の引き下げはやむなしとみて、次の手だてを模索し始めている。それが次節で触れる生産調整の見直しと米価下落を補てんする直接所得補償論である。

拙劣な交渉の影響は余りに大きいが、それは極端な農工アンバランスの国・日本の宿命でもある。しかし第1章でもみたように、輸出依存型が世界的な不況でいよいよ行き詰まった今日、雇用確保による内需に依存し、農工バランスのとれた国への転換を図る以外に日本の生きる道はない。

なお政権交代との関係では、日米FTAはあれだけ騒いでしまったので、新政権が変質・崩壊しない限り促進は難しいだろう。むしろWTO交渉での自民党政権を継承した妥協が現実的危険性として大だろう。繰り返すが、大きくはそれをも睨んでの戸別所得補償である。

第2節　米価と生産調整

1　問題構図

この間の農業問題の中心は農産物価格問題であり、そこでのシェーレ現象（価格低下と資材高騰のはさみ打ち）による農業所得の激減という古典的な問題だった。そこで米価問題と生産調整問題がクローズアップされたが、問題の根底には、以上にみたWTO体制に即応して農産物価格政策（その一環であり前提である国境政策と生産調整政策）から直接支払い政策に転換するか、それに抗して価格政策を追求するか（WTO農業協定による削減対象にはなるが、その許容範囲内であれば禁止されるわけではない）の選択がある。それは「市場と政策」の問題でもある。以下、その点を米価についてみていきたい。

一九九〇年代以降の米価の長期下落傾向をめぐって、需給アンバランス（過剰）、農家直売（ディスカウント）、量販店等のバイイングパワー強化、消費者の低価格志向等、さまざまな要因が指摘されている(8)。そして需給アンバランスの背景には、生産過剰（生産調整）、在庫、ＭＡ米等の供給サイドの要因や消費減退がある。

最近では需要サイド、さらには需要の背後にある消費サイドの要因がより規定的として重視されているが、不足の下では生産サイドが、過剰の下では需要サイドが価格決定力を強めるのは経済学のイロハで分析するまでもない。

いずれの要因を重く見るかで政策対応も異なるが、需要・消費サイドが規定的となれば、最近の政府のそれにみるように、国内消費拡大、新規市場開拓（米粉、飼料米）、輸出拡大等が政策メニューということになる。しかしそれにも限りがあるとすると、農業・食料政策としてはペシミスティックになり、問題は農政から所得政策等に移る。

所得問題は今日の格差拡大構造下における経済政策最大の問題だが、それをいくら強調してもコメ商売にはならないから、供給サイドとしては有力な最終実需者との個別の結び付きに走ることになる。政府も「売れる米作り」を標榜し、米生産量の割当にあたっても最終実需者への販売実績を基準にすることで、それを助長する。あげくは市場メカニズム導入のショーウインドであるはずの米価格センターへの上場が途絶え、相対取引の水面下にもぐり、大手の相対取引の結果が産地銘柄時期ごとに公表されないと価格の所在自体がみえなくなる。これが市場メカニズム重視の新自由主義農政の反市場的な帰結である。

このようなかで生産者もまた個別に作って個別に売る傾向を強める。全ての当事者がミクロの世界での個別利害の追求に走れば、本来の需給調整というマクロの政策課題は消え失せてしまう。それが最近の生産調整問題のひとつの背景である。

二〇〇九年の早場米価格の暴落から政府買い上げ要求が運動サイドでは強いが、下落の背景にある在庫要因を抜きに買い上げだけを強調しても問題の解決にならないことは、二〇〇七年産の政府の緊急買い上げに明らかである。

本節では、米価下落の要因を歴史的に整理し、そこでの政策課題に接近したい。

2　米価の歴史的動向

農業問題としての米価問題という観点から、生産費を基準にとり、（潜在的）過剰構造下で平均生産費を米価が下回る状況を**低米価**、米価の生産費カバー率の低下を**米価下落**とし、たんなる価格低下から区別したい。米価水準の取り方はいろいろありうるが、ここでは米価は庭先価格としての米生産費調査の全国平均の六〇キログラム当たり粗収益とし、生産費は支払利子・地代算入の平均生産費を採った。全入生産費を基準にとり、要求等の根拠にする者もいるが、それは規範であって現実的基準ではない。

図表1で、この間、米価は二八％、生産費は一四％下がった。従って定義により米価低下の概ね半分が「米価下落」問題に関連するといえる。

図表1から近年の米価の動向を三期に分ける。

図表1　米価の推移

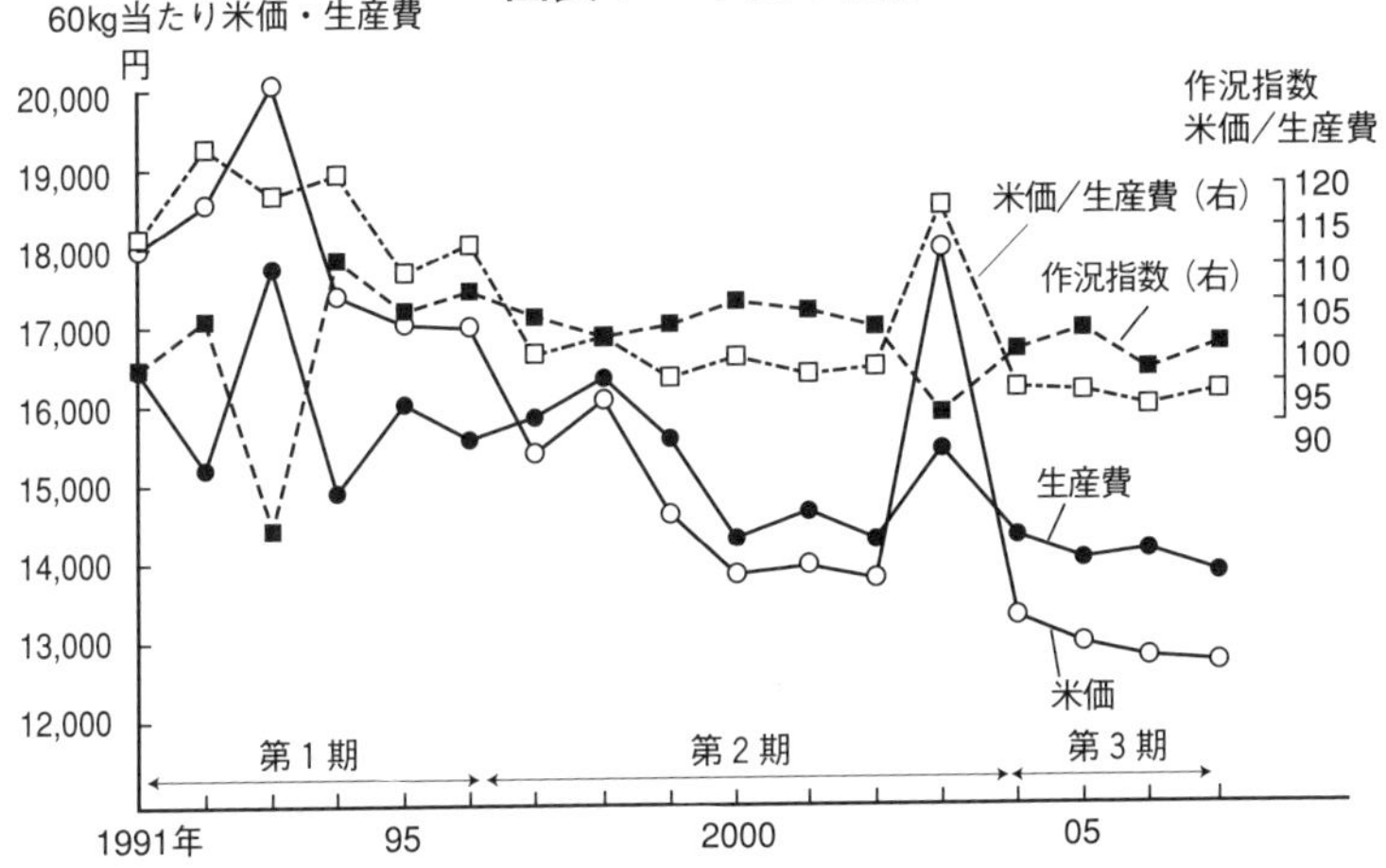

注：米生産費調査による。

第一期（一九九六年までの食管法時代）――豊凶にかかわらず米価の生産費カバー率は一〇〇%を超し、稲作所得は製造業の三〇～九九人規模賃金にほぼ均衡していた。潜在過剰下で生産調整と政府米価での買入れが価格下支え機能をそれなりに果たしていた。

第二期（二〇〇三年までの新食糧法時代）――米価の生産費カバー率は一〇〇%を割って米価下落が始まり、低米価時代に入った。その要因は何といってもＷＴＯ体制移行、ＭＡ米輸入、新食糧法による一定量の回転備蓄米買入への政府機能の限定である。政府買入れは九七年産までの一〇〇万トン超の段階から三〇～五〇万トン、さらに一桁台へと縮小していった。最低価格での無制限政府買入れという欧米先進国農政が有するセーフティネット機能の放棄が米価下落をもたらした（〇四年産からは三〇万トン台へ）。にもかかわらず生産費カバー率が九五%台にとどまったのは、第一に生産調整がともかく達成され、潜在過剰の顕在化が防がれたこと、第二に米価の低下は著しかったが、生産費の低下とほぼパラレルだったことである。

第三期（二〇〇四年以降の「米政策改革」・改正食糧法時代）——前期までとの違いは、①作況指数が一〇〇を切るのに米価が低落する、②生産費が横ばいなのに米価が低落する、③その結果、米価の生産費カバー率が九〇％台前半に落ちた、という点である。

①は前期と異なり生産調整政策の機能不全化、生産カルテルの崩壊の現れである。米政策改革によるネガ（生産調整面積）配分からポジ（米生産数量）配分への移行、全国一律助成から産地づくり交付金への転換、そして農業者・農業者団体主体の需給調整への移行宣告が一挙に生産調整政策を弛緩させ、過剰作付の発生を許した。その下で②③は、生産サイド、生産費の価格規定性が弱まり、反射として需要要因の規定性が強まったことを示唆する。

このようにみてくれば、この間の米価下落の政策責任は明白である。そこで二〇〇七年秋以降の「農政の見直し」に係る「米緊急対策」、「生産調整の再強化」となったわけだが、たんなる第一期、第二期政策への復古願望に過ぎない。〇七年産の生産費カバー率は九三％と第Ⅲ期では最も高くなったが、それは米価が高まったからではなく生産費が二％以上も下がったからで、〇八年産は生産費高騰でたちまち打ち消されてしまうだろう。

農政は自らの失政により需要要因という化け物を前面に引き出してしまった後では、旧政策に服するだけでは済まない。抜本的政策転換と需要対策の両者が求められる。

3　生産サイドの諸要因

（1）生産費要因

図表1にみるように第二期は米価と生産費はパラレルに動いてきた。この間の価格低下は生産サイドの努力の反映でもある。

九五年、二〇〇〇年、〇七年をとって三期の生産費を比較すると、物材費は一〇〇→九六→九六、労働時間は一〇〇→八三→七三、労賃単価は一〇〇→一〇七→九七と推移しており、一貫した低下要因は労働時間の短縮である。この間も省力化は進んできた。加えて第三期には労賃単価も引き下げられることになった。

労働時間を主軸としたさらなるコストダウンのためには、個別経営における面的集積の強化、集落営農を通じる協業利益の発揮が切に求められる。品目横断的政策は協業は棚上げして経理一元化のみを行う「ペーパー集落営農」を乱造させ、今日の課題の所在をぼかしてしまった。

ところで省力化によるコストダウンは家族経営にあっては所得減をもたらす。この間に米価が生産費をカバーする階層も第一期の一ヘクタール以上層、第二期の二ヘクタール以上層、第三期の三ヘクタール以上層とせりあがってきたが、生産費的には黒字の三〜五ヘクタール層でも稲作所得は一六八万円、一〇〜一五ヘクタール層でも五〇〇万円に過ぎず（〇六年産）、米専業的・単作的経営の維持は難しく、規模拡大による所得確保も厳しい。協業で浮いた労働力を複合化、園芸振興等に回して米だけに頼らない経営を築くことも肝要である。しかし全ての地域が園芸振興に走ればいずれ過当競争・過剰生産に陥る。地域個性商品、地域ブランド戦略が欠かせない。

同時に第三期には資材価格の高騰がいよいよ重くのしかかっており、独自対策が必要である。併せて小作料の思い切った引き下げが欠かせない。圃場整備償還金を下限とし、償還済みの田は現物小作料一俵程度としたい。農地制度「改革」にみられる小作料上乗せ的な政策は断固採るべきではない。産地づくり交付金も多分に地代化している。

(2) 過剰作付けの原因

前述のように第三期を彩るのは生産調整政策の破綻である。過剰作付けが二〇〇四年度二・五万ヘクタール、〇五年度三・七万ヘクタール、〇六年度六・八万ヘクタール、〇七年度七・二万ヘクタールと蔓延してきた（〇九年度も四万ヘクタールと推計されている）。〇五年度には東北・関東・新潟・東海等にとどまっていたのが、〇七年度には西日本や九州にも拡がりだした。県別には福島・茨城・千葉といった首都圏域が過剰作付の四七％と半分を占める。それはまぎれもなく「作る自由、売る自由」が助長したものであり、これらの県は農協集荷率は低いが、売り方は最も「現代的」な優等生なのである。

生産調整の参加者も、目標を一〇〇％達成しても米価が下がるようでは政策への信頼を失う。そのことが過剰作付を助長し、過剰作付が価格下落を引き起し、さらなる生産調整離れを引き起こすというスパイラル的悪循環が始まる。

青森県五所川原市の農家台帳上の五、〇〇〇戸の農家へのアンケート（〇七年八月）によると、「生産調整しない」とする農家は平均一六％に対して一ヘクタール未満は二〇％、三〇ヘクタール以上は一九％と高い（無回答三七％）。両極から生産調整離れが生じているのである（ちなみに過剰作付地として五所川原を取り上げたわけではない)。

大規模な専業的単作的経営は、米価が下落すればそれを販売量でカバーしようとして、生産調整は行わず米を目いっぱい作って系統外に自家販売する。価格が下がるほど供給量を増やす伝統的な小農対応を専業的経営として採るわけである。五所川原市の大規模水稲経営(概ね二〇〜四〇ヘクタール)一〇戸についてみると、転作対応は四戸にとどまり、五戸は加工米対応(一戸は転作も)、一戸は生産調整不参加、一戸は転作組合からの転作名義買いである。形式的には生産調整非参加に至らなくても、実質的な生産調整回避の傾向は強い。

もう一端の小規模農家については、全国の〇六年産に係る生産調整非参加者の作付面積割合は階層平均一五・二%だが、一〇ヘクタール以上九・〇%、四〜一〇ヘクタール九・三%に対して一〜四ヘクタールは一五%、一ヘクタール未満は一八・二%と、下に行くほど高くなる。非参加者の水稲作付面積の全面積に対する割合は一〜四ヘクタールが三五%、一ヘクタール未満が五二%で併せて八八%に達する(米緊急対策資料)。圧倒的に経営所得安定対策の面積要件四ヘクタール未満の農家であり、その論理は、政府が我々を政策対象外に放逐するなら、政策には従わず勝手に米を作るというものだろう。

もちろん下層が多いのは経営所得安定対策以前からだろうが、同政策は生産調整非参加に大義名分を与えた。そもそも経営所得安定対策の選別政策は地域ぐるみで取り組まねばならない生産調整政策と整合しない。どころか阻害要因になっている。経営所得安定対策は都府県をとれば一部の裏作麦等を除き転作という生産調整政策でしかないとすれば、同じ生産調整政策に係る産地づくり交付金と品目横断的交付金の内部矛盾でもある。

（3）生産調整の政策不整合性と再強化

政策不整合性は経営所得安定対策との間だけではない。次の三点を指摘したい。

第一に、農産物の過剰に対しては事前の生産調整と事後の（収穫後の）需給調整の二つが必要である。後者については数量限定的な回転備蓄買い上げでは事後的需給調整の機能を果たせない。始めから片肺飛行の制度設計であり、それが第二期の米価下落の一因だった。また「事後的に米価維持のための市場介入をおこなわない」ことを強調する説もあるが、そもそも需給調整という政策目的の根本を外した見解であり、天候等に左右される農産物の需給調整には事前の生産調整と事後の市場介入のセットが不可欠である。

今回の「米緊急対策」では政府は三四万トンの緊急買い入れを行った。事後的過剰の政府買い入れそれ自体は望ましいが、今回のそれには幾多の問題がある。

①事後的調整はあくまで事前の生産調整を一〇〇％達成したうえで、なお豊作や消費減に伴って必要とされる措置であり、過剰作付の結果まで税金で尻ぬぐいする話ではない。

②備蓄制度上の買入は、一〇〇万トンに限定されたうえ回転備蓄なので過剰の先延ばしでしかなく、業者はその放出時期に戦々恐々としており(9)、価格安定要因にはならない。

③買入方法の問題である。米価格を自由市場に委ね、そこで銘柄別の需給と価格形成が現存する下でのそれは、特定銘柄に有利に作用する市場攪乱的なものであってはならない。実態はどうだったか。全農新潟県本部は、〇七年産について「卸や小売りから（一〇キログラム）二千円を切る価格帯であれば、

回復が見込める情報は入っていたので、消費者に本当に手に取ってもらえる価格をつけ」、卸売価格を対前年比二、〇〇〇円安の一五、八〇〇円とし、「値頃感から順調なスタートを切っ」た（新潟日報、〇八年四月四日）。しかるに政府買入は新潟・秋田各七万トン、山形四・二万トンで併せて五四％を占め、その結果、品薄感、先高観もあって新潟一般コシの価格は一二月には一九、六〇〇円と一七％もアップした。

これら三県の銘柄は〇六年産の〇七年六月末の契約進度が八割を切っており、「売れない米」だった。緊急買入はその「高くて売れない」（それ故自らディスカウントしていた米）を「救済」することで端的に価格浮揚のポーズをとった市場攪乱的政策だったといえる。

全農は、緊急対策により需給が締まり、大半の米の売り先が決まったとして価格形成センターへの上場をとりやめた。今やセンターへの上場は国産米の一％以下とされ（日本農業新聞、〇八年三月二二日）、価格は相対取引の闇に潜り不透明化し、農水省もセンターの見直しに入った。見直す以上は現実の市場が可視化され透明化される措置が必要だが、今のところそれが具体的に追求されているとはいえない。

第二に、「経営感覚に優れた効率的・安定的経営体」の育成という新政策以来の農政の基調、「作る自由、売る自由」を標榜する新食糧法そのものが、みんなでマクロ的に取り組まねばならない生産カルテルとしての生産調整政策と矛盾している。自由競争・市場メカニズムのアクセルとブレーキを同時に踏んで事故っているのが現状である。

第三に、そもそも全国市場相手の商品の需給調整は全国規模で行うしかないのに、その具体的態様を地域の水田農業確立推進協議会等に委ねるのも整合的でない。一例を挙げれば産地づくり交付金のあり方である。生産調整の参加者と転作実施者が分化しているところでは、前者すなわち地権者に産地づくり交付金、後者に転作物収入と経営所得安定対策の交付金等を帰属させているケースが多い。農協や自治体の指導により産地づくり交付金も地権者と実転作者でシェアしているところもあるが、そういう取り組みが欠かせない。しかるに協議会によっては加工米に産地づくり交付金を払うような退嬰的な対応もある。

このような非整合性を抱えたままでの二〇〇七年の生産調整の再強化となった。その柱は、①行政も目標達成に全力をあげる、②過剰作付の県・市町村における「生産目標達成合意書の締結」、③生産調整拡大分に対する緊急一時金の支払い等、④過剰作付県への配分ペナルティ、同県・地域への産地づくり対策、補助事業・融資上のペナルティ等である。

①は「米政策改革」の柱である「農業者・農業者団体が主役となるシステム」への移行の破綻である。そもそも農協集荷が五割を切りかねない状況下では、国や行政の関与は不可欠であり、「米政策改革」がたんなる願望（絵に描いた餅）だった事を追認したといえる。

②④は「ペナルティ」付きの社会的強制減反方式だが、産地づくり交付金をテコとするペナルティについては、そもそも生産調整非参加者は何ら痛痒を感じず、地域ペナルティは専らまじめな生産調整参加者が受けることになり、不公平感を増すばかりだろう。

しかるに二〇〇八年から自民党内部から生産調整政策に対する疑問が出されるようになり（町村官房長官の「日本で減反しているのはもったいない」発言、五月三一日）、二〇〇九年からは農水大臣が生産調整の見直しを前面に打ち出し、自民党農林族と対立するに至っている。完全な混迷である。

4　低価格米志向の定着とその経路

しかし生産調整を整然と行ったからといって米価が元にもどるわけではない。この間にあきらかに需要がシフトしているからである。**図表2**の家計調査報告では、購入価格が〇三年産を除き一貫して低下してきたことを示している。しかしこれだけでは、米が安くなったので購入価格も下がったのか、購入価格が米価下落をリードしたのか不明である。そこで**図表3**をみると消費者の低価格志向が先の第二期から第三期にかけて段階的に強まっていることが分かる。四、〇〇〇円以下が半分以下から四分の三も占める段階への変化である。

購入先も二〇〇二年産と〇六年産を比較すると、量販店二八%→三六%に対して、生協は一一%→九%、米屋は一〇%→八%、縁故米は二〇%→一三%と後退している（食料品消費モニター調査）。つまり量販店が特売を通じて消費者の低価格志向を市場に媒介・助長している。激変は〇三年産と〇四年産の間で起こっており、〇三年産の不作に伴う米価高騰が逆に量販店・低価格米シフトを際だたせたといえる。

このような家計消費の動向に加えて、それに接続するものとして、一九九〇年代なかばすなわち第二期以降は加工・外食等消費が家庭内消費をわずかな

図表2　品目別の単価推移

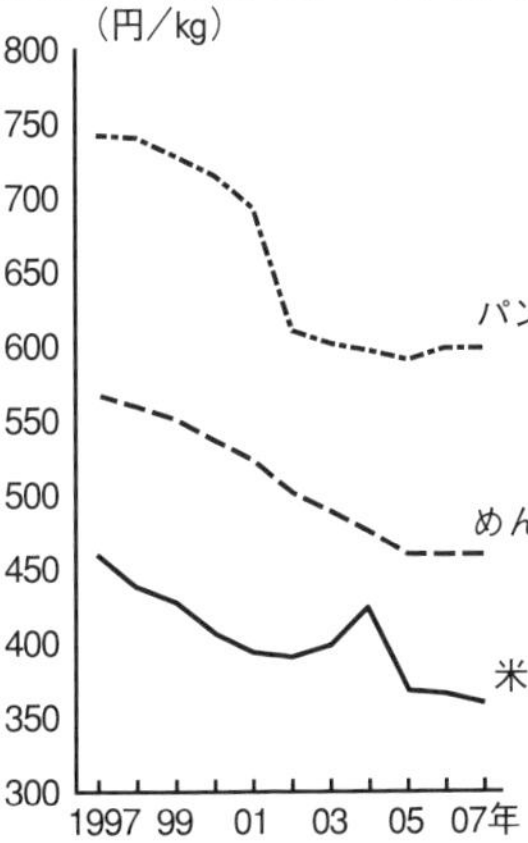

注：日本農業新聞08年3月27日付
原資料は家計調査報告

図表3　最近購入した米の値段（10kg）

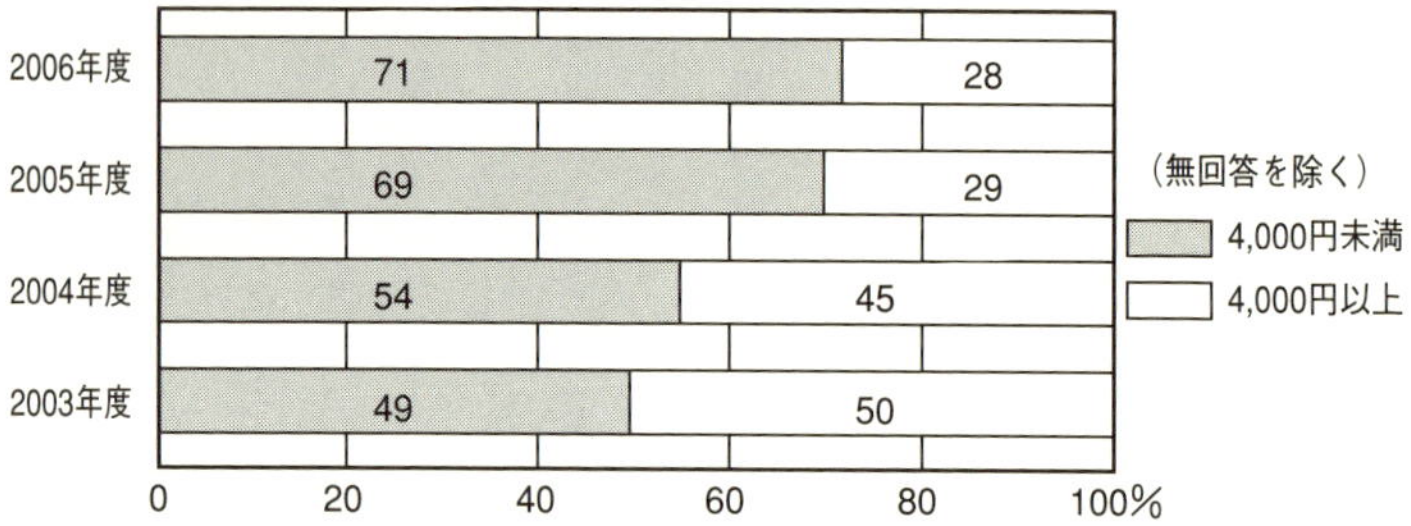

注：農林水産省『米の消費及び購入動向等について』（平成18年度食料品消費モニター第4回定期調査結果）07年11月

がら上回る状態が続いている。外食業者の米仕入れ価格は〇七年七月の調査で「一キログラムあたり三〇〇円をはさんだ価格帯がもっとも多く、年々低い方にシフトしている」(10)。最もウエイトを高めているのは二五〇〜三〇〇円で、逆は三五〇〜四〇〇円である（最多価格帯は一貫して三〇〇〜三五〇円）。

　第三期における産地銘柄別の価格動向の表出はさけるが、低価格米とされる「きらら397」や「つがるロマン」の低下率は小さく、とくに業務用米に特化したきららの健闘は著しく、その他の産地銘柄の低下率は大きい。

　価格が需給のバロメーターだとする経済学のイロハからすれば、ここから、低価格米に対する需要が相対的に強く、中・高価格米に対する需要は減退していると推測しうる。加えて量販店等の品質標準化への要求は強く、それらの結果、銘柄格差は急速に縮まり、一四、〇〇〇円台に収れんした（実勢は価格形成センターより低め）。またセンター価格の低下と庭先価格がパラレルだと仮定すれば、〇七年産の庭先価格も一二、〇〇〇円台なかばといえる。

　それに対して**図表2**の小売価格一〇キログラム三、六〇〇円か

図表4　1世帯当たり品目別年支出額

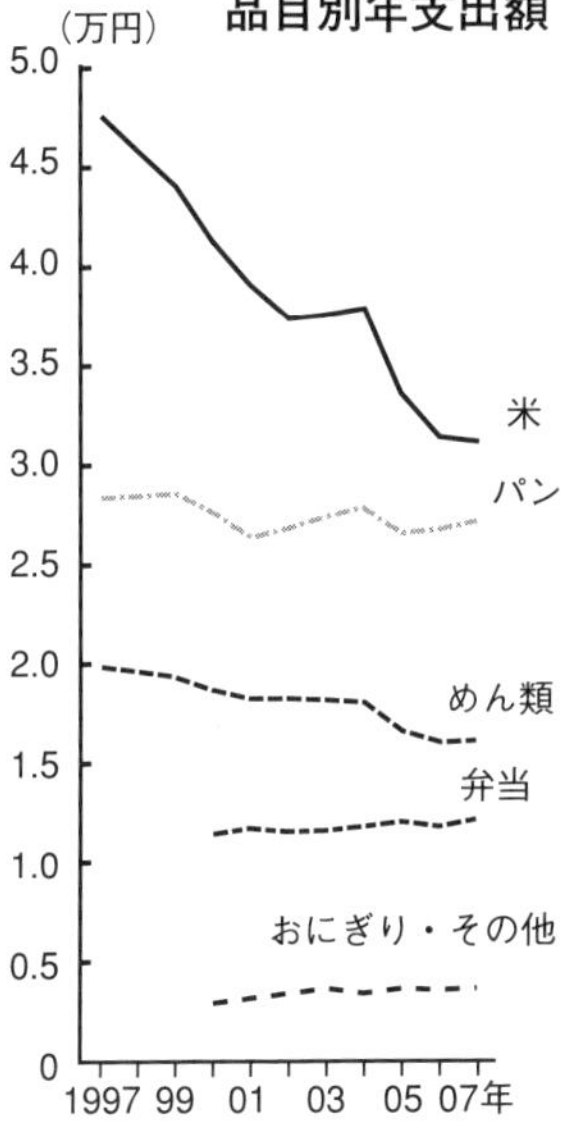

注：図表2同じ

ら卸仕入価格・庭先価格を逆算すればどうなるか。卸経費等を九%、糠除去一〇%、小売マージン二〇~二五%と仮定すれば卸仕入価格は一四、五二一円。共計費用等の流通コストを二、〇〇〇~三、〇〇〇円とすれば庭先価格は一二、〇〇〇円前後になる。極めてアバウトな計算だが、先のセンター価格なり庭先価格は、現在の小売価格三、六〇〇円に見合う価格水準である。

その小売価格が**図表2**のように下がってきた。この小売価格のとめどなき低下に歯止めをかけられるか。それには消費動向が絡む。**図表4**にみるように、世紀転換期にパンとご飯の代替関係が強まってきた。米価が下がったら消費者は米の購入量をどうするかについては、年齢平均では「増加する」は二二%にとどまるが、二〇代二五%、三〇代三七%、四〇代二七%と子育て世代の価格弾力性はなお失われていない（農水省、平成一八年度食料品消費モニター調査）。米消費の世帯主年齢階層間格差は際だって大きく、世帯主四〇歳台まではパン購入の方が多いが、相対価格の如何によっては米消費は三〇歳代を中心に底上げしうる。

5　価格・需給調整政策の課題

(1)　米価下落の原因

以上の米価下落の要因分析をまとめよう。

①過剰基調の下では需要要因が規定性を強める。その意味では最近の米価下落には消費者の低価格志向による引き下げ圧力が根底にある。しかし低価格志向それ自体は主観的な願望に過ぎず、それが強まったからといって直ちに低価格が実現するわけではない。米は依然として主食であり、安ければいくらでも食えるわけではないし、高くても買わないわけにはいかない点では消費者は弱い立場にある。低価格が実現するにはその願望が市場に作用できなければならない。

②低価格志向の市場での実現を媒介する流通ルートが、生産者の直売と量販店の特売である。実は「生産者直売はディスカウントストアと並んで購入する価格水準が相対的に低い」(11)。量販店の特売は通常は二〇%以上かかる経費率を一五%程度まで落とすことで成立しているが、賃金コストをはじめ経費率の圧縮には限度があるとすれば、最終的には仕入価格の問題になる。

③量販店や外食産業の対卸交渉力も市場需給の如何による。結局は当たり前のことながら消費減退と生産過剰からくる需給アンバランスが、それぞれの願望を越えて価格を決定する最終要因であることは需給曲線の示すとおりなのである。その点では生産調整政策の弛緩による潜在生産力過剰の過剰生産への顕在化と、農協共販力の弛緩による販売ルートの多元化とそこでの値引き競争が決定的である。そして生産調整の弛緩と農協共販力の弛緩はパラレルの関係にある。

それに対して、九八年以降「量的な過剰は徐々に解消されつつあるにもかかわらず、価格下落はますます深化」し、「市場に出回る量が直接に米価を規定する関係は弱くなった」として低価格志向や中食・外食志向に直接の原因を求める見解もあるが[12]、潜在的な生産力過剰状況下では、少しでも過剰米が市場に出回れば価格は下がる。過剰は量ではなく存在するか否かが決定的だといえる。

（2）生産調整政策をどうするか

農水省は生産調整に関する試算を一次（〇九年四月）、二次（九月十五日）と公表している。とくに二次は、生産調整を選択制にして参加者への生産費と手取額の差額分を補償するなど、民主農政に酷似している。実はそれが最近の農政の特徴でもある。

筆者は計量経済学は分からないが、①断固としてＷＴＯに対抗するなら別だが、「米の輸出入による影響は考慮されていない」モデルなど全く非現実的である。最低限、どう転んでもＭＡ米は増やされ、主食市場に影響する（小池恒男「事故米はこうして発生した」『農業と経済』〇九年四月号）。

②試算の目的も関心も生産調整の強化～廃止に至るモデル試算結果の比較にあるが、それに耐ええるのは各モデル内整合性もさることながら、モデル横断的な整合性である。その点で試算は非現実的である。例えば、一次案における生産調整の強化と廃止の両端モデルの十年目の結果をとると、Ａ・市場価格は強化案一八、三六五円と廃止案九、七二一円、Ｂ・農家手取り価格は一五、四九三円と八、五〇六円、Ｃ・生産量は七五二万トンと九二九万トン、Ｄ・需要量は七五二万トンと九二二万トンになる。

第一に、生産の価格弾力性により生産量が決まるとされているが、Ｂの手取り価格が半減（二次案でも補てん有り価格は二五％下がる）するのにＣの生産量は二四％増というのは荒唐無稽である。実際は生産量は価格弾力性ではなく政策的に決定され、需要は生産についてくるという物動計画・セイの法則モデルである。

第二に、Ａの市場価格の半減に対してＤの需要の二割増は、需要の価格弾力性マイナス〇・三という推計値にある程度接近するが、しかしその推計値は古き良き食管法時代のもの（九七年発表）であり、消費需要の激変した今日に適用できる保証は皆無で、弾力性の推計値はかなり甘いと見るべきである。

①②併せて、現実の政策選択に供しうる試算とはいえず、むしろ生産調整を見直し・廃止した時の価格暴落を予想させるものといえる。

さて生産調整政策をめぐって問題は重畳する。

第一に、政策のあれこれに先だって、冒頭に述べた「市場と政策」の問題がある。同政策の本命は価格政策である。そして「市場志向」を至上命令とするＷＴＯ体制は価格政策そのものを否定する。そのことを所与として「コメの市場化、自由化」をゴールとすれば、あとはハードランディングかソフトなそれかの選択で、後者ではその政策技術が問われることになる。

だが生産調整政策の問題は、繰り返すがそもそも価格政策の要否に尽きる。そして担い手農家の拡大意欲の指標になるのも価格水準とその見通しであって、決して直接支払い政策の多寡ではない。そこが農業構造改革が終わり規模拡大が第一義ではなくなった欧米との相違である。

生産調整が弛緩していけば米価は下がる。後は、下がるに任せて下層農家の淘汰を待ち、価格下落スピードを上回る規模拡大スピードにより所得確保するか、直接所得補償で代替するかである。前者については担い手農家の方が先に淘汰されるだろうし、現に米価下落の下で担い手農家の意欲は著しく低下している。直接所得補償については、本章「はじめに」でみたように、実は安い外米の輸入も前提になっているから米価下落はとめどなく、直接所得補償の額は膨らみ、それでも価格的に外米に負けて国産米市場は縮小し、担い手農家の首を絞めることになろう。

第二に、生産調整政策が必要だとしても、実行しうる客観条件が存在するか否かが問われる。そもそも米政策改革の検討に際しては、不公平感を越えて閉塞状況にあるというのが前提認識だった。生産調整については各種アンケートがあるが、サンプルが少ない上に、誰がどう聞くかで結論はほぼ決まってしまうが、回答数八千に及ぶ農水省の「米政策・水田農業政策に関するアンケート調査」（〇九年七月）は注目される（小池恒男「主食用米の生産過剰と水田の高度利用の課題」『地域農業と農協』第39巻第2号、二〇〇九年）。そこでは生産調整について「現在のまま続行」二五・四％、「強化」二〇・五％、「見直すべき」三八・七％、「やめるべき」一三・一％で、続行・強化派四六％、見直し・廃止派五一・二％で伯仲している。問題はその内訳で、一ヘクタール未満では見直し・廃止派五七％、一ヘクタール以上では続行・強化派が過半、とくに一〇ヘクタール以上で六二％で、規模が大きくなるほど続行・強化派が増える。地域的には続行・強化派が過半を占めるのが北海道・東北・北陸・九州の農業地帯、その逆が関東から四国までの列島央部兼業地帯である。また「見直し」の内容も、米価下落時の経営安定対策の内容五二％、転作助成金の内容四四％、未達成者等へのペナルティ三〇％が多く、廃止寄りの「見直し」ではなく強化・充実を望む「見直し」である。「閉塞」などという認識は偏っており、実は誰の声を代弁しているか明らかであり、農政が標榜する構造政策、選別政策にさえ逆行する。

しかしながら農協の集荷率が五割を切るような状況では政策の実効性を担保できるかが問われる。アウトサイダーが多ければ生産カルテルは無効になる。次章で触れるように、農協系統は「もう一段の合併」すなわち一県一～三農協を提起しており、農協の農家把握力、全農の県域把握力を自ら落とす方向にある。政府が限られた「備蓄」しかもたず、農協が集荷力を強めれば過剰を背負い込む可能性をもつ現況では、農協系統は集荷力強化よりも実需者との結び付き販売に力を入れることになる。しかしながら農協集荷力の弛緩と生産調整の弛緩はパラレルの関係にあることを銘記すべきである。

また前述のようにＷＴＯなりＦＴＡを通じて国境措置が低まっていくことを所与とすれば、同じく生産調整の実効性はなくなる。生産調整政策の正統性という点でも、また過剰促進要因という点でも、ＭＡ米の存在は大きい。輸入しながら生産調整はなりたたない。

要するに生産調整の実効性の点でも政策との関係が大きいと言える。

第三に政策の具体の問題である。現行政策においては、転作麦・大豆に対する経営所得安定対策の交付金と産地づくり交付金がテコになっている。東北や北九州では転作集落営農的な事例が多いし、他の地域でも稲作は自作し、転作作業は担い手や集落営農等に委託する農家が多い。その場合に転作作業実施者は転作物収入と経営所得安定対策等の交付金を受け取り、産地づくり交付金は地権者（転作作業委託者）が受け取る事例が多い。前述のように水田農業確立推進協議会等によっては、産地づくり交付金の一部を双方でシェアするよう取り決めているところもあるが、要は稲作「自作農」（地権者）意識の強弱によりけりである。もちろん全てが転作実施者に帰属することが望ましいが、そうすると今度は転作田を提供しなくなり、転作の達成が覚束なくなる。いわば産地づくり交付金は稲作減反補償あるいは転作田地代として機能しているのである。

生産調整を選択制にして、産地づくり交付金等も直接所得補償の原資に加え、転作実施者のみに直接所得補償し、転作には別途に交付金等を出す措置は、確かに実転作者に厚くする措置ではあるが、以上のような農村実態を無視する点では現実的でない。少なくとも転作田地権者に地域の小作料＋α程度の分配を考慮する必要がある。

自民党・政府の経営所得安定対策は、建前は一定規模以下を政策対象から切り捨てたが、実態的にはペーパー集落営農化でかなりの部分を包摂した。民主党の戸別所得補償は建前は「切り捨て」を排したが、生産調整も含めたその仕組み方によってはこのような「切り捨て」が生じる。

第5章でみるように、現実の集落営農組織のほとんどは、営業（農業）収支の赤字を営業外収支の黒字で補ってかろうじて成立しており、後者のうち最大のものは産地づくり交付金なのである。いいかえれば産地づくり交付金がなくなると、現在の集落営農や法人組織はほぼ壊滅する。

過剰米の政府買い上げに期待する運動論的な声も高い。過剰を無制限買い入れするのは欧米農政に共通する政策だが、しかし政府買入を輸出等に回す力に乏しい日本の場合には、買入量をとめどなく増やすわけにはいかず、政府買入は事前の生産調整が整然となされたうえで、その後の作況や消費動向により発生する事後的過剰に限定されるべきだろう。そして買入が主食米の市場隔離効果を真に発揮するには他用途に転じる必要がある。現在の「回転備蓄」という事実上の流通在庫政策としての政府買入をいくら増やしても一時しのぎにしかならない。

他方で、消費者の低価格志向の背景には、たんなる量販店の特売だけでなく、今日の格差社会化に伴う食の二極化現象がある。農業サイドもまた農業問題を嘆くのみではなく、格差社会を是正する国民的課題にも目を向けるべきだが、同時に当面する低価格米志向にどう対応するかが現実的課題になる。従来型の「よりおいしい米をより高く」という青果物的な産地コンセプトやマーケティング戦略から、「安全でおいしい値頃なお米」への転換を図る必要がある。

しかし消費者の現時点での購入価格から逆算した庭先価格一二、〇〇〇円と支払利子・地代算入の平均生産費一四、〇〇〇円の間には埋められないギャップがあり、ギャップは拡大傾向にある。食管法の原点の一つは家計の安定米価と再生産保障米価の二重米価だった。いま格差社会化のなかでその本質的に同じ問題が二、〇〇〇円のギャップとして発現している。生産調整で米価維持を確保しつつ、なお埋めがたいこのようなギャップについては一種の不足払い制度が不可欠である。その点では前述のように民主・自民の案は接近しつつあるが、問題は第一に、なぜ生産費と価格の構造ギャップが生じるのかの原因の明確化であり、第二に、その原因に即した政策設計なかんずく生産調整政策との関連である。政党案はいずれも、価格よりも補償、農業よりも財政・消費者負担論に傾き、「何のための政策か」という根本を外している。

第3節　農地法「改正」と企業の農業進出

1　原点としての耕作者主義

(1) 農地法の原点

筆者はその時々の農地制度論をとりあげてきており、今回の改正論議についても繰り返し論じてきたが(13)、このたび農地法改正案が成立したことを踏まえて、改めて整理をしておきたい。

一九五二年に成立した農地法は、耕作者のみが農地を借りたり買ったりする権利を取得できるとする農地耕作者主義（以下では耕作者主義とする）に基づいている。

耕作者主義の原点は戦後改革の一環としての農地改革にある。農地改革は、耕作しない者（地主）が農地を所有する地主制こそが、農民の貧困と対外侵略の根因だったとして否定し、額に汗を流し身自らをもって耕作する者に農地の所有権を渡した。その農地改革を受けた農地法は、第一条で「農地はその耕作者自らが所有することを最も適当であると認めて、耕作者の農地の所有を促進」することを唱った。これは通常「自作農主義」とされているが、それは「農地は誰が所有すべきか」という焦眉の歴史的課題に対して、「それは耕作者だ」とした歴史限定的な規定であり、より普遍的には耕作者主義というべきである(14)。

耕作者主義は第三条により具体的に規定されている。すなわち、農地の権利を取得しようとする者又はその世帯員が「耕作しない場合」、「耕作により農業生産が低下することが明らかな場合」には権利取得できないとした。後者の趣旨は仮装自作や自家労力によらない経営を排除することにある(15)。

つまり耕作者主義は所有権だけでなく賃借権を含む全ての権利取得に関する規定であり、それを当時の歴史的課題である所有権に即して言えばいわゆる自作農主義になるのであって、「所有者が耕作すべき」という通常理解されている自作農主義ではないし、そこから出てくる「所有者が耕作しないのはケシカラン」という耕作放棄の責めを負わせられるべきものでもない。

耕作者は当初は自然人（生身の人間）に限られていたが、一九六二年の農地法改正で農業生産法人にも権利取得の道が開かれた(16)。農業基本法は個別の自立経営の育成とならんで協業の助長を追求したため、その受け皿として「自作農が集まり自作農の延長としての法人」としての農業生産法人制度が創設された。その際にどんな法人を農業生産法人として認めるかについては、耕作者主義の観点から株式会社を除外した。株式会社は「株式の自由譲渡性を本旨」としており、協同経営になじまないし、耕作者以外に株式譲渡され、法人要件を欠く危険に不断にさらされているというのが理由である。

(2) 賃貸借の促進と耕作者主義の明確化

次の大きな改正は一九七〇年になされた。それまでは所有権移転が規模拡大の主軸とされたが、地価高騰はそれを困難化しつつあり、所有権移動を方向づけようとした農地管理事業団構想も一九六〇年代なかばに挫折し、農政は所有権移動による規模拡大「とともに、あわせて、賃貸借等による流動化の方向について積極的な措置を講ずる」（農林省「構造政策の基本方針」一九六七年）方向に舵を切った。

そのために賃貸借規制や農業生産法人の要件を緩和し、取得できる面積の上限規制を撤廃した。これにより青天井の規模拡大が可能になったが、そのことで自ら耕作しない「羽織百姓」が生じたりしないよう、耕作者主義のより厳密な規定を行った。すなわち取得農地の「すべてについて耕作すること」、「耕作に必要な農作業に常時従事すること」、住所地からの距離等から効率的に利用して耕作することが定められた。また農業生産法人も要件緩和する代わりに、業務執行役員の過半が農地の権利を設定した上で「農作業に主として従事する」こととされた（農地の権利設定は後に外された）。

こうして在所に居住し農作業に常時従事する者のみが（その集団としての農業生産法人とともに）、農地の権利を取得できるとする耕作者主義が確立した。「平成の農地改革」は「所有から利用へ」をスローガンに耕作者主義を廃棄したが、そもそも耕作者主義は賃貸借という「利用」の促進を図るに当たって明確化された原則であることをゆめゆめ忘れてはなるまい。

耕作者主義は二つの面で農外に対する根幹的な農業保護制度になってきた。第一は、上述のように株式会社という資本主義的営利企業の農業進出を許さず、耕作者による農業を守る点である。第二は、農外転用の統制の論拠としてである。農作業常時従事者しか農地の権利取得ができないということは、農地はあくまで農地として利用すべきことを意味し、それ故に農外への転用を厳しく規制することになる。かくして農地法はその第2章第1節を「権利移動及び転用の制限」として一括規定したのである(17)。

2　株式会社の農地取得論と農地制度「改革」

(1)　株式会社の農地取得論

一九六二年の農業生産法人制度が発足して以降、長らく農業経営の法人化等が議論されることはなかったが、一九九二年の新政策において、経営形態の選択肢の一つとして農業生産法人に株式会社を加えるか否かの問題提起がなされて以降、にわかに騒がしくなった。口火は農政自らが切ったのである。

とくに一九九〇年代なかばから、規制緩和の政策基調化のなかで、経団連等による耕作者主義の見直し、株式会社の農地取得の賃貸借から所有権への段階的容認が提起された。

それは農業基本法の見直しとも関わり、九六年の農業基本法に関する研究会報告は「考慮すべき視点」の一つとして株式会社による農地の権利取得を指摘し、九七年の基本問題調査会、九八年の農政改革大綱、九九年の新基本法制定を経て、二〇〇〇年の農地法改正で農業生産法人の一形態としての株式会社が容認された。この段階での制度論はなお耕作者主義の枠内でのものであったが、上述の財界のみならず、農水省トップからも既に耕作者主義への攻撃が始まっており、二一世紀に橋渡しするものだった(18)。

二一世紀に入ると小泉流の構造改革論が重畳し、「戦後農政の総決算」が策され、その焦点に農地制度が据えられることになる。二〇〇一年の総合規制改革会議第一次答申では「農業経営の法人化を一層促進」とされ、〇二年には武部農水大臣による「『食』と『農』の再生プラン」で、農業経営の株式会社化、農地法の見直しが唱われ、同年に構造改革特区法で、農業生産法人でない株式会社一般の農地リースが開始された。〇三年には総合規制改革会議の第三次答申がなされ、〇四年には日経調の生源寺

（眞一）委員会による『農政の抜本改革』が出された。そこでは「農地法第一条の改正」、農地耕作者主義（農作業常時従事要件）の廃棄が主張され、「平成の農地改革」の理論的枠組が示された。

二〇〇五年に新基本計画が策定されたが、財界はその農政改革は中途半端でスピード感に欠けるとして批判を強め、それとともに先の生源寺委員会のメンバーだった髙木勇樹・本間正義氏が前面にでるようになり、彼らは日経調『農政改革　髙木委員会最終報告　農政改革を実現する』（二〇〇六年）を手みやげに経済財政諮問会議のＥＰＡ・農業ＷＧメンバーに加わり、二〇〇七年五月に『グローバル化改革専門委員会第一次報告』が出される。そこでは「所有と利用を分離」「利用をさまたげない限り、所有権の移動は自由」「農地を株式会社に現物出資して株式を取得する仕組みを創設」とされた。理論的枠組みを作った生源寺氏は農水省とともに株式会社の所有権取得論には否定的だが、耕作者主義の廃棄を突き詰めれば所有権取得に行き着く。

ここでのポイントは、ＥＰＡと農業が端的に結びつけられ、ＥＰＡのための農政・農地改革という位置づけがなされ、農地の零細所有にわずらわされることなく自由に株式会社による農業経営を展開することでＥＰＡに対応することが提起された点である。株式会社の農地所有権取得論は、これまでの規制改革会議流の個別資本のビジネスチャンスの確保から(19)、総資本・国策としてのそれにグレードアップした。そしてこれが後述するように折からの農水省の制度論議に決定的なインパクトを与えた。農水省にもつかれる隙と素地があった。

（2）農水省の農地制度「改革」論

二〇〇六年五月二九日に前述の日経調・高木委員会の最終報告、六月二〇日に経団連の二〇〇六年度規制改革要求で株式会社の農地取得・保有の要望、翌二一日に品目横断的政策等を法制化した担い手経営安定法が公布され、それらに追い立てられる形で農水副大臣による農地政策の勉強会がもたれ、九月には「農地制度の再構築に向けて」がとりまとめられ、〇七年一月には農地政策に関する有識者会議の発足となった。

このような経緯から、農水省の対応の二重性が透けて見える。第一は、以上の財界圧力への対応である。第二はポスト品目横断的政策である。

後者の面を端的に表明したのが〇七年二月の経済財政諮問会議のＥＰＡ・農業ＷＧにおける農水省官房長（現次官）の「価格とか専業、兼業を同一に扱う政策とはもう決別した。ただ、農地の問題は私たちも残された大きな問題だと思っている。……それをもって農業の構造改革が終わる……」という説明である。要するに品目横断的政策で政策対象を「担い手」に限定した後は、彼らへの面的集積あるのみ、という農水省ペースでの「スケジュール闘争」である。

それに沿って農水省は有識者会議で面的集積論を中心に順調に検討を進めた。農水省の提案をまとめると、全市町村に新たに面的集積組織を設け、「まとめ役」を配置して、誰に貸すのかの白紙委任（委任・代理）を受けた農地を面的に集積して特定の担い手経営に斡旋する、面的集積に参加した者には奨励金を出す、というものである。

この「新方式」を打ち出すにあたって、農水省は、農地保有合理化事業による転貸借方式は、転貸の地主合意を要するからアウトだとし、また既存の農業委員会や合理化法人、第4章で触れる市町村農業公社等は、面的集積の実績が乏しかったり、展開が一部の地域に限られているからアウトだと全面否定し、新組織を切り札として提起したが、徐々に既存組織でも可とするようになり、最後には「組織」ではなく「機能」となった(20)。

このような面的集積の技術論（その背後には品目横断的政策の次なる新規予算獲得の省益がある）にうつつを抜かしている矢先、〇七年五月に先の『第一次報告』、六月の経済財政諮問会議「基本方針2007」ショックが襲い、同年秋までに農地を含めた農業改革の全体像と工程表のとりまとめを宣告される。そこで「『秋まで』とお尻をしばられた以上、有識者会議での検討、結論をまっている余裕などはない。それが官房プロジェクト・チームの設置につながった」(21)。

こうして有識者会議は中断され、官房ＰＴでの検討となったが、その結果が八月末に示された。その時既に論点は面的集積から財界の株式会社論への対応に移っていた(22)。農水省流の「所有と利用の分離」論、すなわち株式会社の所有権取得は認めない代わりに賃貸借については耕作者主義を外して最大限に規制緩和することで財界要求に応えるという「皮を切らせて骨を守る」苦肉の策である。併せて農地改革の残滓を払拭するという名目で、標準小作料や小作地所有制限、違反した場合の国家買収規定等の廃止も提起された。

そこにさらに参院選での自民党敗北ショック、「農政の見直し」ショックが訪れる。あまりに性急な農政「改革」が農家の自民党離れを招いた、当面は農政「改革」より米価下落対策だということで、農政「改革」はトーンダウンさせられた。農地制度「改革」もそのあおりをくったかにみえたが、しぶとく生き残り、二〇〇七年一一月の「農地政策の展開方向について」で二〇〇八年度遅くも〇九年度中に新たな仕組みをスタートさせるとし、二〇〇八年一二月の「農地改革プラン」で体制を整え、二〇〇九年通常国会に農地法改正案を上程した。

3　農地法改正案とその修正

(1)　農地法改正案

農地法改正案は衆議院で若干の修正をみたが、まず修正前の改正案から見ていく。

①農地法第一条の目的規定の「改正」…「農地はその耕作者みずからが所有することを最も適当であると認めて、耕作者の農地の取得を促進し」が「農地を効率的に利用する者による農地についての権利の取得を促進し」に変えられた。「効率的に利用する者」であれば誰でも（株式会社でも）「農地についての権利の取得」すなわち賃借権のみならず所有権取得もできるというわけで、まさに耕作者主義の廃棄宣言である。

改正ではこの文章の前に「農地を農地以外のものにすることを規制する」の文言が入ったが、前述のように耕作者主義があって初めて転用統制の論理が導出されるのであり、ただ「規制する」といったのではむき出しの権力統制になってしまう。

また「もって耕作者の地位の安定と農業生産力の増進を図る」という目的規定も、「もって国民に対する食料の安定供給の確保に資する」に変えられた。「食料の安定供給の確保」は新基本法第二条のタイトルであって、新基本法が唱っている以上は、その下にある農地法が鸚鵡返しする必要はなく、ただただ「耕作者」の文字を削りたいがための饒言だ。

②耕作者主義の一応の確認（第三条）…取得農地の「すべて」についての利用（改正前は「耕作」）、農業生産法人以外の法人（株式会社を含む）の権利取得の禁止、「農作業に常時従事」等の耕作者主義に係る規定は一応残された。ただし「住所地からの距離」は削られ、東京に住所地がある者が北海道の農地を取得できるようになった（それで農作業常時従事できるか疑問であり整合性がとれていない）。

③耕作者主義の廃棄…ややこしいが、このように一応は耕作者主義の一部は残した上で、第三条三項を新しく起こして、賃借権については、取得農地を適正に利用していない場合に「解除をする旨の条件が書面による契約において付されているとき」は農業生産法人以外の法人（すなわち一般の株式会社等）、農作業常時従事していない者も賃借が認められるとした。これが今回の改正の最大のハイライトであり、耕作者主義の廃棄規定である。

要するに耕作者主義の原則は残したが、それは所有権について適用するのみで、賃借権について「契約」を盾に外した。その限りでは形式的には「契約」による「原則の例外」「特例」という扱いだが、しかし「書面による契約」はサンプルを一枚作っておけば後は右ならえでいいから、「例外」ではなく一般化することになろう。つまり耕作者主義は賃借については一般的に廃棄された。

④小作地の所有制限、国家買収、標準小作料の廃止…改正前は、市町村外の小作地、一定面積以上の小作地をもつことは禁じられており、違反した場合には最終的には国家買収されることになっていたが、それらの規定は削られた。こうして農地法は伝家の宝刀を自ら捨てた。貸付地所有を自由化しながら、

他方で取得農地を全面積耕作しなければならないという規定を残すのも整合性に欠け、いずれ貸すための所有権取得も認められることになろう。また標準小作料も農地改革後の統制小作料の残滓として嫌われ廃止された。ついでに「小作地」等の言葉も消された。農業採算をベースにした標準小作料を配することが改正の目的の一つである正常な賃貸借の促進に資するとも思えない。ここまでくると、「坊主憎ければ袈裟まで憎い」に堕しかねない。

なお先の小作地所有制限に違反した場合の国家買収規定は農業生産法人が要件を欠いた場合にも適用されることになっていたが、改正案では前者は廃止したが、後者は残した。これも便宜主義にみえる。

⑤農業生産法人の要件緩和…法人に作業委託している者も議決権制限を受けない（集落営農法人化等に配慮）、法人と連携して事業を行う農商工連携事業者等の議決権の合計は、現行の四分の一以下から二分の一未満までに緩和する、一事業者当たり一〇％以下の制限は廃止する。この出資制限の緩和・撤廃は経済財政諮問会議の民間委員等が最終局面まで求めていたものである。

⑥その他…前述の面的集積に係る農地利用集積円滑化事業（市町村、市町村公社、農協等が所有者の委任を受けて、所有者の代理として貸付を行う）、五〇年以内の賃貸借、農協の賃借による農業経営が認められた。円滑化事業は当初目的の面的集積論の具体化だが、当初案からは大分変わった（同事業については第5章で触れる）。五〇年以内の賃貸借は事実上の所有に通じるという批判もある。二〇年超の賃貸借には若干の実需があるが、五〇年が妥当かは別である。筆者には借地に建てた花卉温室の巨大な残骸が目に浮かぶ。農協の賃借経営は株式会社のそれとのイコールフッティングを口実に、農協に耕作放棄地対策の尻ぬぐいをさせるものだろう。

(2) 改正案の修正

国会論議を通じて以上の改正案に一定の修正がほどこされた。修正は第一条に集中した。「耕作者自らによる農地の所有が果たしてきている重要な役割も踏まえつつ」(ゴチは筆者)が挿入され、「農地を効率的に利用する者」の「者」を「耕作者」に変え、目的に「耕作者の地位の安定」を加えた。

この点について次のような解釈がある。すなわち第一条に「耕作者」が入ったことにより、農地の権利取得ができる者は、これまで通り農作業常時従事する耕作者と農業生産法人であるべきとする原則が貫かれ、それが本則であって、それ以外の個人・法人の取得は賃借に限っての「例外」となり、従って株式会社等の権利取得が所有権にまで及ぶものではないというものである。株式会社の所有権取得に事が及ぶのを何にとしても避けたいという苦渋の解釈だが、前述のように、そもそも改正法は賃借における耕作者主義外しを形式的に「例外」扱いにしたうえで、実態的に「一般」扱いする仕組みになっているのであり、第一条に「耕作者」を入れ、その定義をいじることで論理が変わるわけではない。以上を含む記事に付けられた「貫かれた『耕作者主義』」というキャプションは明らかにミスリーディングである。耕作者主義は「貫かれた」のではなく「廃棄された」。

案の定、農水大臣は衆議院で、耕作者は「必ずしも農作業に従事しなければならないとはなっていない」と答弁し、耕作者＝農作業従事者たることを否定した。そこで参議院で確認が求められ、耕作者とは農作業常時従事者と農業生産法人が「基本」であり、その他は「例外」という解釈の統一がなされ、一件落着した(かに見えた)。しかし同じ国会論議で、農水大臣は、その「例外」も「実態としては耕作者に該当する」とし、さらには「担い手として位置付けられる」としている。つまり例外かどうかは別として一般株式会社も「耕作者」であり「担い手」なのである。「耕作者自らによる農地の所有が果たしてきている重要な役割も踏まえつつ」という文言の、「きている」という現在完了形、「も」という表現からして、この文言も「自作農（主義）さん御苦労さんでしたネ」という過去へのねぎらいの言葉以上のものではない。

また法がいくら形式的に「例外」としようと、「農業経営している株式会社は立派な耕作者ではないか」という実態論にはかなわない。いわんや一方で立派な「担い手」が、他方では「耕作者」でないとなると、一体何なんのかとなる(23)。いったん一般株式会社の農地賃借を認めれば「耕作者」の実態は変わってくる。それに即して「耕作者」の定義を変えればいいと言うのが財界の腹だろう。

繰り返すが改正の核は第三条に係る前項の③にある。第三条についても修正がなされ、権利取得の要件として、地域の他の農業者との適切な役割分担、法人の場合には業務執行役員のうち一人以上が農業に常時従事することが加えられた。また周辺地域の農業に支障が生じている場合の農業委員会による是正措置等が追加された。こうして三条の周辺部はあれこれ修正され、農業委員会系統等はそのことを強調しているが、どれも決め手にはならず、前項の③という核心はいささかも修正されなかった。

修正するならその本命は第三条である。その画竜点睛を欠いた修正であり、民主党に第一条の皮を切らせて、第三条の骨を守ったというのが政府与党の腹だろう。実は相続税の納税猶予制度の見直し（自作だけでなく貸し付けた場合にも納税猶予可とする）を「実現するためにも改正案を何とか通そうとする点で与野党の認識は一致」していたとされ、法改正に付いたお土産欲しさでは底が割れている。農水省は「決して制度のめざすところから後戻りした訳ではなく、現場の不安払拭を第一とした」としている」(24)。

かくして修正努力はそれなりに多としても、それはピンぼけ努力に終わり、結論からいって少なくとも賃借については耕作者主義は廃棄された。それはいずれ所有権に及ぶ(25)。農地の権利取得について所有権と賃借権を別に扱おうとする試みは、農業生産法人の制度の発足、農用地利用増進事業から利用増進法への経過においてもことごとく否定されてきた。

法形式面からだけでなく、実態論からしても、株式会社に農地を賃貸している農家が、その農地を売りたいとなったらどうなるか。大方が指摘するように、当該株式会社は所有権の取得ができない。第三者に売ろうにも、購入者は購入農地の「すべて」を耕作しなければならないから、当該株式会社が解約してくれない限り取得は不可能である。解約に応じたとしても株式会社の農場の一角をなしていた農地の利用価値は低いだろう。結果は地権者の私有財産処分権が農地法により侵されることになる。それを避けるには株式会社の所有権取得を認めるか、貸すために買うという「平成の地主制」を認めるしかない。

財界は遅からず所有権の株式会社への解禁を要求してくる。その時、既に賃借権について耕作者主義という依拠すべき論理を放棄してしまった農政には戦う武器がない。第一条の修正を持ち出しても「乙女の祈り」をかなでるに等しい。営利企業にとって賃借権と所有権の価値は根本的に異なる。賃借権は基本的には農業用に限定されるが、所有権となれば金融資産として大いに利用価値がある。それは第1章で述べたバブルリレーの餌食にもなりかねず、農業は翻弄解体される。

若い人からよく「株式会社のどこが悪い」と反論される。日本の株式会社はこのところ悪さをすることが多いが、もちろん株式会社の全てが悪いわけではない。次項でみるように現に農業に進出している地場の株式会社等はそれなりに地域農業の守り手になっている。問題は、第一に、そうであっても地域の家族農業経営と競合した場合に資本力や販売力に隔絶した力をもつ株式会社とは同じ土俵での競争にはならないという競争上の公平性の問題が残り、第二に、所有権取得を主張しているのは、そういう地場資本ではなく第1章に述べたアメリカ流金融資本主義に染まった財界主流の多国籍大企業だという点である。

加えて冒頭に述べたように、転用統制は耕作者主義から演繹される。耕作者主義の廃棄は転用統制の廃棄につながりかねない。

以上は論理的に想定される帰結だが、現実はどうだろうか。今後の帰趨は実態面において日本農業が株式会社の所有権取得やむなしという状況に陥るか否かにかかってくる。その点を知る手がかりを各ルートでの株式会社の進出状況にみたい。

4　企業の農業進出の実態

（1）農業生産法人制度を通じる地場企業の進出

①畑作地帯における農業進出

先行したのは畑作地帯における農業生産法人形態での進出である。その南九州における実態をみると(26)、ほとんどは地場企業であり、オーナーや親族が何らかの形で元から農地所有に係わっており、その資格で農業生産法人の構成員になれ、また農家を構成員に加える等して構成員要件をみたしている。しかし役員になっている場合にその要件（過半が農業一五〇日以上従事、そのうち過半が農作業六〇日以上従事）を満たしているかは、提出された書類上のチェックに過ぎず、多分に形骸化しているようである。

野菜の加工・集荷販売等が主な業種であり、進出の経路としては、地元農家と契約栽培していたのが、農家の高齢化等でだんだん荷が出てこなくなったり、圃場まで集荷に来てくれるよう頼まれ、最後には農地まで預かってくれと頼まれるようになり、そこで法人を立ちあげたら瞬く間に四〇ヘクタール、五〇ヘクタールと集まったというケースが多い。

これらの地場の農業関連企業による農業進出は、家族経営・企業相互・農協等との農地確保をめぐる競合や結果としての虫食い集積もあるが、基本的に地元と企業の相互のニーズに基づいたものであり、耕作放棄の防止、農地利用の確保に繋がっているといえる。

以上は地元アグリビジネスの進出だが、異業種や地元外からの進出もある。千葉県の例では(27)、産業廃棄物処理業、東京の不動産会社、野菜流通等の親会社が出資して農業生産法人をたちあげているが、「法人が必要とする資金は親会社が融資すると同時に、農業機械や施設までも親会社がリースし提供している。つまり農業生産法人の形態をとってはいるものの、実質的な農業経営の主体は親会社といってもいい」ものもある。

北陸の水田農業地帯での筆者の調査では、親会社が大量の資金を融資し、子会社の農業生産法人に相当規模の農地を購入させている事例にぶつかった。このケースは積極的な取得というよりは、なかなか農地の買い手がみつからない下で頼まれて購入に踏み切った事例だが、農業生産法人形態をトンネルとした株式会社の実質的な所有権取得ともいえる。

株式会社・親会社の子会社による農業進出の一つの問題は、親会社はビジネスとして当然のことだが子会社に採算性を厳しく要求し、例えば三年、五年と赤字が続いた場合には撤退を条件づけることになる。撤退する場合には、利用権の満期までは借り続けて管理耕作する、違約金等も払う等の意向であり、一概に企業モラルに欠けるという批判は当たらないが、地元としては撤退後の農地利用に苦慮することになる。

②水田農業への進出はないか——愛媛県A建設の事例

水田農業の場合は、水利関係の複雑な「むら」農業の面から外部からの本格的な企業進出は難しいと見られてきた。しかし、愛媛県松山市と伊予市にはさまれた松前町のA建設による農業生産法人aの事例は、そうとも言えないことを示している。

A建設は、関連企業計九社、三〇〇名雇用のグループの中核企業であり、単体で一八〇名ほどを雇用する。社長（五〇歳）の父の代に水田六〇アールを頼まれて購入し、やみ小作に出していた。

現社長の時代になり、二〇〇〇年に子会社としての株式会社aを農業生産法人として立ちあげた。目的は建設業がよこばいのなかで、技能のある多能工の維持確保にある。地元農家を出資させて要件を満たし、現在の役員は社長のほか、農協OBの営農部長、出資者の三名であり、経営実務はAからの出向

図表5　a法人の拡大過程

	2001年	02	03	04	05	06	07	08
経営面積（a）	79	873	1,690	2,390	3,197	4,273	4,459	5,000
水稲作付（a）	30	600	1,331	1,890	2,413	3,585	3,911	4,500
圃場数（枚）	6	61	125	172	236	319	348	400
地権者数（人）	1	24	49	75	106	145	165	195

注：07年まではa法人資料、08年については聞き取りによる概数。

者が専任で担当している。立ち上げ以降の拡大過程は**図表5**の通りである。当初から五〇ヘクタールを目標にしてきたが、こんなに早く達成するとは思わなかったという。拡大は頼まれてのそれが主だが、新聞チラシ広告や従業員の口コミもある。現在の地権者の所在は松前町一〇〇人（三八ヘクタール）、松山市六〇人（八ヘクタール）、伊予市三〇人（四ヘクタール）といったところで、最近は松山市が増えてきている。松山市には農業委員を務めるまとめ役一名がいる。

一枚は一〇アールちょっと小さく、分散しているが、一ヘクタール、二ヘクタールとまとまると病害虫や水管理等の問題もあり、圃場分散は同時にリスク分散になっているという。契約期間は平均三年、地代は当初反当一〇、〇〇〇円だったが、徐々に下げて三〇キログラム相当の五、〇〇〇～六、〇〇〇円にしている。解約はほとんどない。

農作業はA社から一日平均一五名程度が出向いて行っている。A社のオペレーターは四〇～五〇名いるが、その繁期は一一～三月であり、四～一〇月をa法人の稲作にあてているわけである。作業員は基本的に手上げ方式で確保しており、非農業経験の三〇、四〇代が多いという。建設の作業だとチームワークだし、住民から「うるさい」など文句を言われることも多いのに対して、一種の開放感や使命感を求めているのではないかと社長はいう。水管理等もa法人で行う。クレームもあるが、地元に教えてもらいながらやっているという。年二回程度のムラ仕事にも出る。

ａ法人の特徴ははじめから有機栽培を狙った点である。地元から出る剪定枝、豆腐店のおから、焼酎粕等を有料で引き取り、発酵させて水田に堆肥還元している。松前町と提携してバイオマスタウン構想を策定しつつ、それを利用している。

慣行農法で反収八～九俵のところａ法人は六俵だが、知事認定のエコファーマーとして特別栽培米のコシヒカリを一～三キログラム売りしており、小売価格では一〇キログラム七、〇〇〇～八、〇〇〇円になる。販路は地元スーパーと個人が各三〇％、レストラン・旅館と農協が各二〇％である。農協売りは安くなるが、ａ法人で売り切るには至らず、ブランド化を課題としている。

売り上げは米が六、〇〇〇万円、リサイクル原料の引き取り代金が一、〇〇〇万円の計七、〇〇〇万円程度で、なお赤字であり累積では四、〇〇〇万円程度にのぼるが、撤退する気はない。現状規模で建設業とのバランスがとれており、規模拡大より経営充実を図り、リサイクルに力点を置きたい意向である。

Ａ社、ａ法人としては、農業生産法人の立ち上げにあたっては、基本的に農家向けの制度という点で窮屈な点も感じたが、現在では農業生産法人の制度に難点は感じておらず、また農地を購入する気はなく、株式会社が農地を買うのは「あぶない」とみている。

要するにこの事例は、なお赤字とはいえようやく経営も軌道に乗り、平場であれば農外企業の水田農業進出が十分に可能なことを示唆している。

（2） 全国ベース企業の進出

①業種別事例

・食品産業

［カゴメ］一九九七年に生鮮トマト栽培事業を開始。「今日まで総事業費一四五億円をかけ、全国八カ所まで菜園を増やしてきた。菜園総面積は四四ヘクタールとなり、雇用者の総計は八五〇人を超えている」[28]とされる。売上額総計は七七億円。いわき小名浜一〇・二ヘクタール、茨城・美里野一一・三ヘクタール、千葉・山田みどり三ヘクタール、和歌山・加太五ヘクタール、広島・世羅八・五ヘクタール、高知・四万十みはら二・七ヘクタール、福岡・響灘八・五ヘクタールである。小名浜ではロックウール溶液栽培をめぐって、農地転用とする県と転用とすれば宅地課税で企業負担が重くなるとするカゴメ・地元側が対立したそうだが、地べたを使わないのであれば転用とみるべきだろう。

・外食産業

［ワタミ］二〇〇二年にワタミファームを設立し、北海道・瀬棚（七〇ヘクタール）、群馬・倉渕（一二ヘクタール）、千葉・山武（八・五ヘクタール）・佐原（三ヘクタール）、京都・京丹後（九ヘクタール）、和歌山・白浜（五・五ヘクタール）で有機栽培に取り組み、北海道・弟子屈（二四〇ヘクタール）で短角牛・アンガスの放牧飼育を行っている。

［モスフードサービス］「二〇〇七年二月、同社の契約生産者である野菜くらぶと共同出資の農業生産法人サングレイスを設立。〇七年から本格的な栽培に着手」。群馬と静岡の合計三・六ヘクタールの農地で全天候型耐候性ハウスでモスバーガーのトマト生産を行っている。モス全体のトマトの七〜八％を

供給するという。

そのほかサイゼリアは二〇〇〇年に白河市に二五〇ヘクタールの白河高原農場を設立、モンテローザは〇八年に牛久市で二ヘクタールの農場設立をしている。

・量販店チェーン等

［セブン&アイ・ホールディングス（イトーヨーカ堂）］（後述）。

［エイチ・ツー・オー・リテイリング（阪急阪神百貨店）］二〇〇三年に泉南市で阪急泉南グリーンファームを立ち上げ一・二ヘクタールの露地野菜栽培。〇八年に和泉市の農家と契約して農場三〇アールを拡大。百貨店での販売と有機野菜の宅配事業を計画。

・一般企業

［トヨタ］グループの総合商社・トヨタ通商の一〇〇%出資の子会社・豊通食料が、宮城県栗原市で地元生産者と農業生産法人ベジ・ドリーム栗原を立ち上げ、パプリカ生産では国内最大規模の四・二ヘクタールの施設を来年三月に完成させ、年間八三〇トンの供給を行い、将来的にはトマト等も含めて一〇〇億円の売り上げをめざすという。施設建設費等の総事業費は二四・四億円で、「強い農業づくり交付金」一二億円を活用する。農地は法人が買い上げた。

［オリエンタル・サービス（人材派遣会社）］二〇〇八年に大分県豊後大野市で農業生産法人「オーエス豊後大野ファーム」をたちあげ、白ネギ栽培に取り組み、二〇一〇年には二〇ヘクタール、一・四億円販売をめざす。

［生協］日生協は食料・農業問題検討委員会を立ち上げ、「大手メーカー、流通チェーン、外食チェー

ンは、生産者団体との提携、自らの出資や人的供与する形での農業参入などにより、優良な農水産資源、生産者の囲い込みを急速に進めています」として、それへの対抗から農業参入に積極的な姿勢を示しており、生協ひろしまは二〇一〇年度に県北部で遊休農地を活用して農業生産法人を立ちあげる予定とされている。

②イトーヨーカ堂の「セブンファーム富里」

同社は二〇〇八年八月に千葉県富里市に農業生産法人「セブンファーム富里」を立ちあげた(29)。富里は北総台地の屈指のスイカ産地で、ニンジン、大根等の大型産地でもあり、JA富里市は「作る前に売る戦略」で加工用原料野菜等の契約栽培で知られ、四割を直接取引している。そのJA富里市の地場野菜部会長を務めていた農家T氏に話しを持ちかけ、農協の了解と出資の下に始められた。同社の最初の意図は二〇一二年のリサイクル法改正によるリサイクル率四五%へのアップへの対応である。同社は、販売期限切れ弁当や牛乳類等の食品を堆肥化するリサイクルに取り組み、協働工場・アグリガイアシステムの循環型肥料センターを佐倉市にもつが、製造した堆肥をなかなか使ってもらえないなかで自ら使うことを考えた。しかし農業は小売業と同じドメスティック産業であり、地域の和を乱したら協力してもらえないし、技術的にも農業プロと組む方がベターという判断だった。同社の首都圏店舗の仕入れの六割は産地直送であり、農協とのつきあいは深く、農協と組むことで産地の囲い込みができるという思いもあったようだ。

出資三〇〇万円の八割はT氏、残りは農協と同社が折半している。出資金は五〇〇万円に増やし、同社の割合を高めたが、単独トップになるつもりはない。農地は当初は二ヘクタール程度だが、T氏の友人A氏の参加もあり現在は四ヘクタール。農作業を担当するのはT氏夫妻とA氏の三人である。他に先の堆肥を使う契約栽培の協力農家が一二名おり、実面積は二〇ヘクタールに及ぶ。露地で大根、キャベツ、ニンジン、ほうれん草、小松菜等を栽培し、ファーム単独で初年度は一、八〇〇万円の売り上げ、次は三、〇〇〇万円に行くだろうという。契約農家も含めたトータルは現在六、五〇〇〇万円である。

リサイクル方式は松戸市内の三店舗から開始し、毎日二〇〇～四〇〇キログラム出る野菜くず等を九〇日かけて堆肥化し、それで作った野菜を「セブンファーム富里で大切に育てた野菜です」の触れ込みで同店舗で販売する（需給が崩れる場合は県内二一店舗の半分ほどに回す）。そのことにより消費者も「自分たちがリサイクルの流れに参加している」という意識になり好評だという。通常は一〇％程度出る屑物野菜が天候の関係で二〇％まであがった時に、これまでは廃棄していたものをイトーヨーカ堂サイドの提案でセブンファームの「規格外品」としてバーゲンしたところ、これも売り切れた。また年三回、店舗周辺の小学生に親子で課外授業として現場体験してもらい、農業、環境を学ばせている。

価格は農協が間に入り、市場も睨みながら決めており、代金決済も農協を通じている。

現在、埼玉、千葉、神奈川、茨城に堆肥施設をもち、東京を除く首都圏七〇店舗の残渣を回している。今秋にはセブンファームの支店形態で神奈川二カ所、茨城一カ所で法人を立ち上げ、三年後には全国一〇カ所程度の予定である。

今日の小売競争激化のなかでディスカウント・セール等に経費率の抑制で対応するには限りがあり、産地直送形態でのコスト引き下げが狙われている。

（３）「裸」の株式会社の進出

①特定法人貸付制度による進出

農業生産法人以外の法人の農業参入の全国展開は二〇〇五年の特定法人貸付事業からである。これは遊休農地や遊休化しそうな農地が多い地域について、法人が市町村と協定を結び、市町村等を通じて農地を賃借する制度で、市町村は取り組みに当たっては同事業を基本構想に位置づける必要がある。つまり市町村を担保とした制度である。農水省は「二一世紀新農政２００６」で二〇一〇年度末までに五〇〇法人の参入を目標に掲げ、企業参入支援総合対策で予算措置を講じてきた。五〇〇社という目標を立てた以上は、制度改正するにしても目標の達成と検証を待つべきだが、現状は三四九にとどまる。

特定法人の実態については農水省ホームページ（二〇〇九年三月）を見ていただくとして、経営面積は一ヘクタール未満が過半を占め、実施の経緯は法人主導と行政主導が同数になっている。概して企業サイドの積極的・意欲的な農業進出というよりも、財界と小泉構造改革にせっつかれた農水省が耕作放棄地対策を錦の御旗にして県・市町村にノルマ的に押しつけた感が強い。

②イオンの進出

ただし、ここにきてそうとも言い切れない事態が発生した。イオンの進出である（同社は小売業は一〇〇％子会社のイオンリテールに承継し、純粋持株会社化）。同社のプレスリリースによると（〇九年七月二二日）、イオンが一〇〇％出資の子会社「イオンアグリ創造」を設立し、特定法人制度で牛久市を通じて二・六ヘクタールを借りてハウス（小松菜・水菜・とうもろこし）・露地栽培（キャベツ・枝豆）に取り組むことにし、イオン出向者一名とパート、ヘルパー等一〇人で生産する。販売は茨城・千葉県を中心とする関東地方のジャスコ一五店舗で行う。三年後には全国八ブロックで自社農場一五ヘクタールを展開する計画である。

同社はこれまでも生産者との契約型で「トップバリュ　グリーンアイ」の生産に取り組み、イオン独自のGAP（農業生産工程管理）を構築してきた。〇九年一月から、北海道の子会社の計六三店舗で家庭から出た食用廃油を回収してバイオディーゼル燃料を精製し、道内契約農家一三四戸に供給して利用してもらい、生産した野菜を道内のジャスコ、ポスフール、マックスバリュ等一〇三店舗で販売開始し、九月以降は関東や九州の店舗でも取り扱いを始めるという（北海道新聞、〇九年八月二八日）。環境問題とリンクさせている点ではイトーヨーカ堂と似たコンセプトだともいえる。

同社は「他社に先駆けた本格プライベートブランド（PB）の確立」「自ら農地での生産から物流、加工、販売まで一貫して携わる、新たなビジネスシステムを構築」するとしている。またきっかけは「遊休地の活用のための企業誘致を積極的に行っている牛久市から、農業参入についてのご案内をいただいたこと」だとしている。

これは当面は前述の特定法人貸付制度を活用した動きだが、今後は農地法改正による直営農場を狙ったものといえる。

5　実態から見た法改正の意味

以上、さまざまなケースをみてきたが、その大勢は、業種としては食料産業を主流としつつ、最近では農業とは無関係だった企業の進出もみられること、農業生産法人の立ち上げに当たっては複雑な子会社関係を通じて地元農家・農協の協力をあおいでいること、施設型が多いが、野菜工場ではなく地べたを使った農業であること、賃借権のみならず所有権取得もみられること、それに対して特定法人貸付制度の利用は小規模・消極的なものに留まっていたといえる。

しかしここにきて、日本を代表する量販店トップの二企業が農業生産法人形態と「裸」の農業進出という対照的な農業進出を行うことになった。イトーヨーカ堂の場合は、あくまでも地域密着、地域にとけ込む方式であり、実際の農業生産は従来からの農家が行い、企業がそれと連携する形であり、食品残渣のリサイクル利用という本業の展開との内的関連の下になされており、企業としてのコンセプトも明確である。

それに対して農地法改正を視野に直営方式を選択したイオンもまた、これまでの契約栽培を踏まえ、遊休地活用、農産物ＰＢ生産、イオン独自ＧＡＰの構築を唱っているが、実際の農業生産を出向者・パート等で行えるのか、仮に行えたとした場合にも地元の農業者等にはメリットのない野菜工場の建設と同じになるのではないかという疑問が残り、今後の具体的展開が注目される。

以上を踏まえつつ、一般論として考えれば、企業がビジネスとして農業に進出し、地域農業の囲い込みを図ろうとすれば、株式会社として「裸で」単独出動し、落下傘部隊的に地域に進出することは抵抗や摩擦が大きく、その取引費用は極めて高いものにつく。工業進出と異なり地域密着産業としての農業への進出には地域の理解や地元農業者の協力が不可欠であり、そのためには地元農業者とともに農業生産法人を設立すること、もっと露骨に言えば地元農家や農業生産法人をダミーに使うことは合理的であり、かつ農業法人であれば賃借のみでなく、必要に応じて所有権の取得もできる。

今回の改正論議に当たっても経済財政諮問会議の民間委員は農業生産法人のさらなる要件（出資、役員要件、兼業割合）緩和を求めていたが、農業生産法人の要件を限りなく緩和して実質的に株式会社と大差ないものにしつつ、所有権取得にアプローチした方が現実的という判断もあったものと思われる。その点で言うと、今回の改正で農業関連事業者の農業生産法人への出資を、一社一〇分の一、全体で四分の一以下とするこれまでの規定を、前者については取り払い、後者について二分の一以下に緩和したことの意味が大きい。既に認定農業者たる法人に対しては可能だったことだが、これにより出資を通じる企業の農業法人支配が一般的により確実になる。そうなると、「地域に根ざした農業者の共同体」としての農業生産法人の性格が失われ、「企業と農家との提携」「企業による農業者支配」の器に変じ、企業による地域農業の選別的囲い込みが進んでいくことになる。

しかし「囲い込み」といっても直ちに地域ぐるみのそれになるわけではなく、今のところはセブンファームにもみるように、優良生産者やそのグループを取り込んだ程度である。

以上の限りでは、今回の農地法改正は、前述の農業生産法人の要件緩和の方に実質的意味があり、賃借自由化は、広範な個人や株式会社等の法人に農地賃借への道を自由化するという表向きの目的より、そのことにより耕作者主義を放棄し、株式会社の農地所有権取得への道を掃き清めていくという制度上・イデオロギー上の意義が大きい、といえる。

だが、それにとどまらない実質的影響の可能性をイオンの例は示している。今後は農業生産法人制度を活用した地域連携方式と改正農地法による直営農場方式が並進することになる。そのいずれが今後の主流になるかは個々の企業の中長期的地域戦略に即した選択にかかる。また進出地域が、囲いこむに足る優良な担い手農家がいる地域か、担い手農家もおらず耕作放棄化するような地域かによる対応差も出てこよう。

いずれにせよ前者の動きからはさらなる農業法人の要件緩和がでてくるし、後者はいずれ賃借権のみならず所有権の解禁を要求することになる。これまでも農業生産法人の要件緩和と株式会社の農地取得は二人三脚で進められてきたのである。

当面、その矢面にたつのは農業委員会である。農業委員会は、従来からの業務、農業生産法人の監視に加えて、進出企業と地域の担い手育成、効率的・総合的な農地利用との整合性のチェック（現地調査、市町村長への通知）、許可後の農地の利用状況報告・勧告・許可取り消し措置、年一回の利用状況調査、日常的な把握等、その業務が飛躍的に増え、しかも監視、チェックという神経と手間のかかる割に把握の難しい仕事になり、かつ相手は場合によっては農外、地元外の大企業、あるいは複雑な資本関係にある子会社というやっかいなものになり、判断・措置の如何によっては法的なトラブルにもなりかねない。

対して、農業委員会事務局の陣容はあまりに貧弱なところが多く、一人、二人のスタッフで農地法関係の業務で手一杯であり、次章で触れる地域農業支援システムについて農業者の代表として建議する事例はあっても、実務的にその一角を担う余力はない。系統組織はこれを機会に人員や予算の抜本的な手当を要求しており、それはそれで必要なことだが、そのような一機関の量的な補充だけで事態に対応可能だろうか。必要なのは「地域の眼」ではないか。事務局体制をカバーするワンフロア化、農業委員を先頭とする「地域の眼」による日常的なチェックが欠かせない。

以上は企業監視についてだが、問題は「株式会社が悪いことをするのではないか」といった単純なものではない。企業は日本農業の衰退、供給力の衰えを踏まえて優良産地・農家の囲い込みを狙ってくる。地域がそれにどう対するのかが問われる。その点ではJA富里市のように農協に代表される地域がいかに関与するかも重要である。同農協は産地農協としての自信のうえでの関与だろうが、そうでない場合には困難な問題になる。地域農業をどうするかが最終的な課題である。

なお政権交代との関係では、国会であれだけ「修正」に騒いだ手前、新政権が変質・崩壊しない限り、株式会社等の所有権取得制度を自発的に促進することはできないだろう。

注

(1) 蒲島郁夫『戦後政治の軌跡』岩波書店、二〇〇四年。
(2) 松原隆一郎『金融危機はなぜ起きたか?』新書館、二〇〇九年、二三頁。
(3) 生産調整をめぐる省内対立については大柿好一「農政談義」『農業と経済』二〇〇九年六、七月号。
(4) 拙稿「FTAと農業」『ESP』二〇〇三年一二月号。
(5) 民主党の農業政策全体については大柿好一「農政談義」『農業と経済』二〇〇九年八月号。本書とは異なる立場からの民主党農政批判としては生源寺眞一「自民、民主の農業政策を検証する――待ったなしの水田農業再建」(二〇〇九年八月二七日、東京財団ホームページ)。

（6）農業貿易問題研究会編『どうなる世界の農業貿易――ガット新ラウンドの現状と課題』大成出版社、一九八七年、一三七頁。
（7）WTO交渉については拙著『食料自給率を考える』筑波書房ブックレット、二〇〇九年、Ⅲと重複するところがあることをお断りしておく。
（8）西川邦夫「現局面における米価下落の要因について――需要構造分析の視点から」『歴史と経済』第二〇一号、二〇〇八年、より包括的には小針美和「主要食糧の管理をめぐる調査・研究動向について」生源寺眞一編著『改革時代の農業政策　最近の政策研究レビュー』農林統計協会、二〇〇九年。
（9）荒田盈一「生産調整の達成へ新たな取り組みスタート」『月刊NOSAI』〇八年三月号。
（10）冬木勝仁「米の需要と価格はどう変わった」『農業と経済』二〇〇八年六月号。
（11）前掲・冬木論文。
（12）前掲・西川論文。
（13）筆者は、『この国のかたちと農業』筑波書房、二〇〇七年、Ⅱ章、「担い手にとっての農地問題」『農業と経済』二〇〇八年一・二月合併号、「二〇〇七年農地制度『改革』の行き着くところ」『農政調査時報』二〇〇八春号、「固まった『農地改革』プランのぜい弱な論理」『農林経済』二〇〇九年二月九日号、「農地耕作者主義を放棄して農地を守れるか」『農業と経済』二〇〇九年四月号で、その時々の農地制度「改革」論議について論じてきた。最近の研究レビューとしては高橋大輔「農地制度改革をめぐる近年の議論について」生源寺、前掲編著。
（14）関谷俊作『日本の農地制度　新版』農政調査会、二〇〇二年、一六〇～一六一頁。
（15）和田正明『農地法詳解』学陽書房、一九八七年、九六頁。
（16）農業生産法人制度の経緯については拙著『集落営農と農業生産法人』筑波書房、二〇〇六年、序章。
（17）しかるに農水省は三条と四、五条の担当部局を分割し、また今回の農地法改正においても「農地を農地以外のものにすることを規制」を前に出すなど、その論理展開をズタズタに引き裂いてしまった。

(18)「特に私が恐れているのは農地法第一条ですよ。その耕作者主義です。完全な観念論になりやすい条文ですからね。哲学論争というか……」髙木勇樹（当時の事務次官）、『農業と経済』一九九九年八月号別冊の座談会発言。
(19)有森隆他『「小泉規制改革」を利権にした男　宮内義彦』講談社、二〇〇六年。
(20)面的集積論の問題点については注（1）の『農政調査時報』や『農林経済』の拙稿を参照されたい。
(21)「深層　農水省が秋までに農業改革案」『全国農業新聞』二〇〇七年六月一五日。
(22)その経緯については有識者会議委員であった原田純孝「農地制度はどこに向かうか」『農業と経済』二〇〇八年一・二月合併号、同「自壊する農地制度」『法律時報』〇九年五月号。
(23)高木賢氏も「農地法第三条の許可を受けて、農地についての権利を取得し、その農地を利用して耕作を行う者は、条文の整合性の観点からは、結果的に『耕作者』に含まれると解さざるをえないものと考えられます」として株式会社も耕作者に含まれるとしている（『早わかり新農地法』大成出版社、二〇〇九年、四八～五一頁）。
(24)全国農業新聞、〇九年五月一五日「深層」。その辺が確かに「深層」（真相）だろう。
(25)高木賢氏は「所有権も利用権もともに農地を利用する権原である、という共通性があるから、権利移動規制をする根拠となる考え方は相互に無関係でかまわないということもあり得ない」、そもそも「『所有権と利用権の分離』ということは、文学としてはともかく、法律論として可能なのであろうか」（「『農地政策の展開方向について』に対する所見」衆議院調査局農林水産調査室『農地政策の改革』二〇〇八年）としていた。これによれば耕作者主義の適用を利用権と所有権で変えることは妥当ではなくなるが、その後は、所有権と利用権では物権と債権の違いがあり「農地の権利移動許可制度の構築に当たって、その権利の性格の相違を反映した取扱の差異はあっても許容される」とし、「株式会社による農地の権利取得を認めるかどうか、という問題は、基本的には、法制度自体に内在する問題ということではなく、我が国農業や農業者全体の動向、株式会社の動向やそれに対する社会の評価にかかわっている問題です」としている（『早わかり新農地法』前掲、五九～六〇頁）。引用文の前半は前の発言と違うと思うが、改正後は実態論、力関係論だという結論は本節も同じである。

(26) 拙著『集落営農と農業生産法人』（前掲）第5～7章。

(27) 谷脇修「株式会社の農業参入をめぐる経緯」『農村と都市をむすぶ』二〇〇九年五月号。

(28) 『週刊ダイヤモンド』二〇〇九年二月二八日号、以下の情報は同誌のほか、日本農業新聞等による。

(29) 前掲『週刊ダイヤモンド』、『農業協同組合新聞』二〇〇九年一月一九日、二月三日およびヒアリングによる。

第3章　協同組合はどこに行くのか

はじめに

日本の協同組合は農協、生協を問わず、単協合併による規模拡大を追求しており、それとの関連で単協と二次組織（連合会）の関係も再編されようとしている。そのような大規模化が果たして協同組合という企業形態にふさわしいのか、さらに協同組合に独自の業態である「地域密着産業」としての特質を活かすものなのか、というアイデンティティそのものが問われているように思われる。

大規模化の動きはヨーロッパにおいても反発をうみ、協同組合内部からも疑問が呈されている。日本の協同組合についても、中国製冷凍ギョーザ事件や世界金融危機のように、そのような志向に冷水を浴びせ、もう一度、協同組合としての原点をみつめ直させる事態も生まれている。

本章は農協と生協の最近の動向をとりあげて、協同組合はどこに行こうとしているのか、をさぐることにしたい。最後に共通する点について簡単にまとめたい。

第1節　農協はどこに行くのか

1　農協をとりまく環境認識

(1) 第二五回農協大会について

二〇〇九年一〇月に第二五回ＪＡ全国大会が開催される。三年に一回の年中行事といえばそれまでだが、大会決議について、かつての担当者は「ＪＡグループ役職員が共有する三カ年の作戦書」と位置付けており、また「大転換期における新たな協同の創造〜食料・農業・地域への貢献とＪＡ経営の変革〜」と銘打った今回の大会は、「ＪＡの存在意義を組合員・地域住民に再認識してもらうとともに、広く国民にアピールしていく」としているので、それを文字通りに受けとめて、検討していくことにしたい。しかし本書が出た頃には大会は終了しているので、逐条的な検討というより、議案を素材として今日の農協の行方を探ることにしたい。「農協の行方」といっても、あくまで議案作成にあたる全中の考えそれであって、個々の単協のものではない。むしろ両者の間に大きな乖離が生じているのではないかを危惧する。

議案は、消費者との連携による農業の復権、ＪＡの総合性の発揮による地域貢献、協同を支える経営の変革の三本立てになっている。それらを「農業復権」、「地域貢献」、「経営変革」と略せば、農業復権・地域貢献を目的として高く掲げて「世間にアピール」しつつ、その実現に向けての経営変革という構成と受け取れる。議案作成者が対外的にアピールしたいのは農業復権と地域貢献であり、経営変革が本音としての対内的な具体的実践方針というわけであり、本節の分析の力点もそちらに置く。

(2)「大転換期」の捉え方

大会議案は前述のように「大転換期」をタイトルにうたっている。その「大転換期」の捉え方は、「わが国農業政策は大転換期」だったり、「JAの大転換期」だったり多様だが、まずもって「米国発の金融危機に端を発する世界的な景気悪化を受けて、米国型の市場原理主義への過度な偏重を見直す動き」だと捉えている。それを「大転換期」と捉えるか「危機」と捉えるかは別として、一応はまともな認識だといえる。しかし日本の農協（金融）がその渦中にあり、その資金源の一つであり、その破綻をまともに受けていることの率直な認識表明はない。

第1章の分析の続きを農協金融についてみれば、次の通りである(1)。単協は八二兆円の貯金を集めているが、貯貸率は二六％に低迷し、五六兆円を信連への「預け金」にしている。最近でも貯金は伸びるが貸出金が伸び悩み貯貸率を下げる方向にある。とくに信連の貯貸率は一〇％と格段に低く、有価証券がやや増加傾向にあるものの、農林中金への「預け金」が三〇兆円弱にのぼる。日経新聞情報では、中金の信連からの預かり金に対する奨励金（預かり金の二分の一に対する一年定期の上乗せ金利）は〇・八％という高金利であり、信連から単協へのそれはそれより低いものの同様の仕組みとされる。今日の農協の信用事業は端的にこの農林中金の収益還元力に依存しているといっても過言ではない。単協の信用事業収益一兆円の内訳は、貸出金利息五一％、預け金利息二三％、その他利息一八％、有価証券等七％である。利回り（〇六年度）は貸出金・貯金の利ざやは二・一％と高いが貸出金は伸び悩んでおり、それに対して預け金・貯金の利ざやは〇・二八％だが、一年定期〇・二四五％より高く、奨励金の存在は大きい。

中金は預金三八兆円、農林債権五兆円、市場調達一六兆円、計六〇兆円を集めて運用しているが、その内訳は有価証券等四四兆円、貸出金九兆円、短期市場運用六兆円である。かつては貸出金、有価証券、短期市場のバランスがとれていたが、九〇年代なかば以降、住専問題でのつまづき、企業の直接金融化による貸出減少、バブル崩壊後の超低金利で、国債中心の運用ではＪＡグループを支えきれないことから、中金は資金運用の重点を海外にシフトさせ、証券化商品など海外有価証券に傾斜し日本を代表する機関投資家の一つとなった。〇八年九月でのＣＤＯやサブプライム関連商品を含む証券化商品保有は六・八兆円に達し、「メガバンク並みの収益力で、機関投資家仲間からも『海外でリスクを取る運用スタイルをうらやましく思った』（大手生保幹部）と一目置かれる存在だった」（朝日、〇八年一月八日）。

中金はこのような海外運用等の「成功」で、〇五年三、一一三億円、〇六年三、六五六億円、〇七年三、五二七億円という単協全体の経常利益二、〇〇〇億円を上回る空前の経常利益をあげ、系統内に還元していた。要するに日本の農協組織は農林中金の海外資金運用という形で第1章にみたアメリカ金融バブルにどっぷりと浸かり、それを収益源にしていたのである。

その金融バブルがはじけるに及んで、農林中金は〇八年九月中間決算で証券化商品や投信等の含み損が国内最大の一・六兆円に膨らんだ。その減少分が中核的自己資本から差し引かれるため、中金は系統内等出資一・九兆円をあおいで自己資本比率を一四％程度に戻し、「証券化商品を投げ売りせずに元金と利息の償還まで持ち続け、その間の含み損を身内の巨額増資でしのぐ――。こんな『穴熊戦法』に出た」（朝日、〇九年二月二一日）とされる。以上の減損処理や不良債権処理により〇九年三月期決算で六、一〇〇億円の経常損益赤字に転じた。

中金の増資要請一・九兆円の内訳は、後配出資（普通出資より低配当率）一・二兆円、永久劣後ローン（返済順位が低いが高金利）四千億円強ということである。報道によると預金額に応じて県ごとに配分したとされ、その割当は聞き取りや『金融ビジネス』二〇〇九年春号によると、愛知二、一四〇億円、東京一、三〇〇億、埼玉一、〇〇〇億、千葉二三九億（要請は一、〇〇〇億）、神奈川八七五億、静岡五〇〇億といった状況であり、信連の強いところは信連一括、弱いところは単協も負担する形で処理され、また全共連が三、〇〇〇億円を負担したようである。都市化程度等による農協信用事業の地域格差が大きくなるなかで、各県の事情は大きく異なり、後配・劣後の割合も影響を左右し、単協によっては劣後ローンを高金利の融資機会を紹介されたと受け取る危機感のない見方をしているところもみられる。

農林中金は増資要請に当たり二〇〇九～二〇一二年度の「経営安定計画」を定め、「安定的な収益の還元」「五〇〇～一、〇〇〇億円／年の経常利益」を唱った。前者については計画期間の四年間について従来の三、〇〇〇億円程度の会員への還元水準は維持するものとされているが、「確約できるのは〇九年度くらい」という説もある（『金融ビジネス』二〇〇九年春号の青柳斉論文）。

奨励金はともかくとして中金の出資配当は赤字だから当然ゼロになる（〇七年度の配当実績合計は八二六億円でその相当部分は系統内である）。その地域への具体的影響はなお定かではないが、神奈川県内ＪＡの事業総利益は〇六年度七五〇億円（経常利益一六九億）、〇七年度八一四億（二〇九億）、〇八年度七八八億（一八三億）と大幅な増益から減益に転じている。事業別には販売、購買は増益、共済も微増に対して、信用事業が五・五％の減少で増減を左右している（『日本農業新聞』〇九年八月一五日）。

農林中金の出資要請はごく短期に一兆円から一・九兆円に倍化してきたが、都市化地域にしてもこのような状況であり、信用共済に依存できない農業地域はさらに深刻であり、「農協グループでこれ以上の増資を引き受ける余力はないことがはっきりした。ある農協幹部は『（農林中金）の二回目（の増資引き受け）はありえない。公的資金もやむなしだ』」としているという（前掲『金融ビジネス』）。大会議案にはこのような身内の不祥事といもいうべき事態への言及はなく、後述するように一般的に経営の厳しい状況が強調されるのみである。

しかし事態は農協のビジネスモデル自体の継続可能性を問うている。農協貯金は明らかに国際的な過剰資本の一角をなしている。そのような過剰資本が引き起こすバブルの一環としての日本の一九八〇年代なかばの住宅バブルに際して、その本場となった住専に農協資金がたっぷりつぎこまれており、その破綻処理に際して農協系統は五、三〇〇億円の負担能力しかないと主張し、国費六、八〇〇億円が投入されることになったが(2)、そのことの当否はいちおう別としても、農協金融が二度の金融バブルにのったことは銘記されるべきである。

前述の中金の「経営安定計画」は、①より安全性の高い有価証券投資、中金のビジネスモデルとしての国際分散投資の継続、②協同組織中央機関としての一層の機能発揮、農業金融の強化、系統・会員の意思反映、「農業メインバンク」「生活メインバンク」の強化を唱っている。要するに国際機関投資家と国内協同金融組織の「二足のわらじ」を履き続けると言うことである。

農林中金は国際機関投資家としての名をはせていたが、「『市場運用資産四五兆円という巨体の割には人材や情報のネットワークが乏しかった』（大手行）との見方も漏れる」（朝日、〇八年一一月八日）。このところ中金の関係研究機関は欧米の農業金融機関のあり方に強い関心をよせてきた。その方向はアメリカでは、融資を行っていた組合を会社化し、それを子会社とする持株会社として親農業信用組合、（持株）協同組合化する方向（田中久義『市場主義時代を切り拓く総合農協の経営戦略』家の光協会、二〇〇七年）である。

あるいは中金は金融危機の最中の〇八年一〇月にフランス最大手のクレディ・アグリコールの株式の〇・五％、三〇〇億円を取得し、海外のM＆A等への出資を検討していると報道されている。クレディ・アグリコール・グループは金融業務を行わない地区金庫（組合員が加入・参加）→地方金庫→全国金庫という三段階制で、全国金庫は株式会社であり、また組合員資格はかなり自由化されており、一般金融機関化の傾向にある（斉藤由里子「独仏協同組合の組合員制度」『農林金融』二〇〇六・三）。

これはあくまでたんなる推測であるが、金融危機前の中金にはこのような欧米化への志向があったのではないか。それが今回の金融危機で手の平をかえすように協同組合金融機関に先祖返りして組合員に出資要請して切り抜けることになった。つまり「経営安定化計画」には二つの魂が宿っていると言わざるをえない。

しかし今回の金融危機は、農協経営が過度に信用事業収益に依存すること、そして信用事業収益を農林中金の資金運用に依存することの二重の依存関係の脆弱性をいかんなく示した。程度は違うにせよ信金等の地域協同組合金融も同様の問題を抱えている。とすれば進むべき基本方向は「会員および農林水産業への貢献を第一」（経営安定計画）とするしかない。過剰資金への収益還元を第一義とするのではなく地域農業、地域経済、地域住民の切実な資金需要に低利で応えていく方向である。それは一般銀行等との競争を強める方向でもあるが、そこで組合員との地縁血縁、さらにはコミュニティ縁に基づく協同組合金融の強味を活かせるかに勝負はかかっている。

なお中金はその後、〇九年四～六月業績では経常利益七八六億円を出し、通期の経常利益目標の七〇〇億円を早くも達成した。しかしそれは国債等の売却益九五五億円等に支えられたものであり、有価証券の含み損も一兆六、六八二億円に達し、「不安要因も残る」とされる（朝日、〇九年八月二七日）。

（3）「新たな協同」の捉え方

大会議案は繰り返しになるが、「大転換期における新たな協同の創造」と題している。この危機を「新たな協同の創造」で乗り切ろうという言や良しである。しかるにその「協同」の捉え方はあいまいで、「組合員を中心として、多様な人・組織と多様な方法で連携・ネットワークしていくこと」が全て「協同」で括られている。そのため、農業者間の協同、農業関連企業等と農業者・ＪＡの協同、消費者と農業・ＪＡの協同等々、さまざまな「協同」が羅列される。

議案は組合員間の農地賃貸借も「協同」だとしているが、それは自体は債権債務関係であり、私がサラ金からカネを借りたからといってサラ金業者と「協同」するわけではなかろう。「農商工連携」は「連携」（collaborate）であり、地産地消は運動としてはco-workだろう。

何でもかんでも「協同」（co-operate）ということ自体はたんなる言葉遣いの誤りだが、そこには重要な問題が伏在している。それは協同組合における本来の家族農業経営者同士の協同を「これまでの協同」として、それにことさらに「新しい協同」を対置することで、本来の協同をないがしろにすることである。そして対置される「新しい協同」としては農業法人等との「協同」、食品産業・量販店等との「協同」が重視され、そこに経営戦略的な意味をもたせている。何も法人とのcollaborationを否定する気は全くない。それは従来ともフード・システム論等で強調されてきたことであり、ただしフード・システム論では同時にconflict（利害衝突）の面も忘れないのが違うのみである。

行き過ぎた自由競争至上の金融資本主義的な行き方が危機に瀕するなかで、それに対する一つのオールタナティブとして「協同」を対置すること自体は正しい。しかし議案が実質的に言っている「大転換期だから法人企業と連携強化」というのは論理的に飛躍があり、それを協同と言いくるめることは、本来の家族農業経営の協同、それ事業化した協同組合アイデンティティの喪失につながる。

2　農業復権と地域貢献

(1)　農業復権

肝心の農業については「消費者との連携による農業の復権」がテーマに掲げられている。ここでの「農業の復権」とは、激減している農業所得の回復を図ることのようだ。そのために「消費者の理解による付加価値の拡大と生産段階への配分を拡大すること」とし、生産資材価格の高騰で生産コストの削減は限界に来ているので、「流通段階のコスト削減や国産農畜産物を有利に販売できる仕組みなど食品産業全体を捲き込んだ販売戦略を構築」するとしている。

ここでの問題は、第一に、二四回大会までは第一の柱に据えられていた「食料自給率向上等の政策確立」という国民的課題を農政とともに投げ捨て、農業所得の増大にすり替えた点である。農業所得の増大自体は不可欠だが、これで「消費者との連携による農業の復権」は可能だろうか。

第二に、「生産段階のコスト削減は限界」という認識は正しいだろう。この間、農政は一貫して価格政策放棄の責任を棚上げして、農業所得確保の方向を農協の生産資材価格引き下げに求め、農協に経済事業「改革」を強い、とくに全農攻撃を繰り返してきた。農業者サイドからも依然として農協の資材価格の割高が指摘されるが（農水省「農業協同組合の経済事業に関する意識・意向調査結果」二〇〇九年三月）、業者価格との比較でほんとうに割高かをデータにより正面から問う必要がある。

第三に、「消費者の理解による付加価値の増大」とは、要するに価格転嫁ということだろう。しかし消費不況と消費減退の下での価格転嫁が容易でないことは、二〇〇九年四月に乳価をキログラム一〇円あげたら途端に消費が二〇％減退したことにも現れている。

第三に、そこで議案は「流通段階のコスト削減」と販売戦略に最後の活路を求め、量販店・流通業者・生協との事業提携、JAグループによる加工事業や外食レストラン経営、輸出促進（国際空港における広報・販促）を掲げるが、そのどれもが決め手を欠くなかで「農業関連会社に資本参入による連携」を図るとしている。これまでもコープケミカル、クミアイ化学、雪印等、農協系統の出資例はあるが、「資本参入による提携」とは資本関係から業務提携にまで踏み込むということだろうが、そのことは自らの身にも跳ね返り、自らの株式会社化にアクセルを踏むことでもあろう。

第四に、コスト削減も限界、価格転嫁も困難となれば、農業所得の増大は、高まるコストと消費者の低価格志向の間を不足払い的に財政負担する価格政策の要求に行き着かざるをえないが、そのような政策要求の場としての農協大会の位置づけは非常に弱い。最後の項に多面的機能に着目した「緑の政策」としての「新たな直接支払い制度の確立」の文言がみられ、新たな基本計画に向けた「ＪＡグループの基本的な考え方」に関する別の文書（〇九年六月）では、「生産者の直接所得補償としての機能を強化する」ともされているが、政治の争点ともなるなか農協陣営としての政策要求の具体化が求められる。

第二四回大会の「政策対象としての担い手の育成」は一段落したようだが、今度は「ＪＡと法人（集落営農組織・農業法人）とのパートナーシップの構築」に異常に力を入れている。あげくは「必要に応じて、法人部会組織代表の役員への登用をすすめる」とまでしている。法人に全農地を利用権設定した者を除き多くの法人メンバーは農地を自家に残しており、農家としても組合員になっている。二重の権利行使のうえに、わざわざ法人組織代表の役員登用（法人経営者に常勤理事は難しいだろうからせいぜい非常勤理事だろうが）となると、不当にその比重を高めることになりかねない。

また相変わらずＪＡ出資法人の設立や今回の農地法改定を見越したＪＡによる農業経営まで強調している。ＪＡ出資法人の多くは、農協の作業受託等の部門の子会社化か集落営農法人への「つばつけ」的な押しかけ出資で、法人側は僅かの出資金をもらって購販売面での農協利用を強いられるより、有利販売先の確保や運転資金の提供等を強く望んでいる。ＪＡによる農業経営も政府の耕作放棄地対策の尻ぬぐいの面が強いが、その時は赤字の「期間と許容される金額を明確に」してクリアできなければ撤退するなどということは許されず、みずから農業経営をするにはよくよくの覚悟が必要である。

本書の立場からすると、農協の大きな課題は、第５章でも触れるように、経営所得安定対策への対応として農協が設立支援した経理一元化だけで協業を伴わない「ペーパー集落営農」を、いかに協業集落営農から法人化に育てていくかだと思う。

(2) 事業論なき地域貢献論

「JAの総合性の発揮による地域貢献」が掲げられ、いろいろ運動論的な提起がなされている。そのこと自体は重要なことだが、たんなる運動論であればNPO法人やボランティア、慈善団体としての地域活動で済むことであり、事業体でもある農協に固有の課題は、それを事業、一種のコミュニティ・ビジネスとして具体化することであろう。しかしそのような事業論としては、介護事業を除き見るべきものはない。

そこには明確な理由がある。すなわち農協系統は既に「経済事業改革指針」(二〇〇三年)で、生活関連事業については、農業関連のような事業利益段階ではなく、純損益段階で三年以上赤字を続けた場合には撤退することとし、拠点型事業を始め撤退や外部化を進めているからである。このようなダブルスタンダードで生活事業を低く(採算性厳しく)位置付けたのでは、生活関連事業をはじめとする事業展開を通じての地域貢献の道を自ら閉ざしたことになる。事業別戦略の項でも生活関連事業は旅行・厚生・葬祭に個別に触れられるだけである。とすると残るのは後述する准組合員対策としての運動論的な地域貢献の道だけだろう。

各種の調査を通じても農協の生活事業に対するニーズと満足度は組合員、地域住民の双方において高く、農協が「農的地域協同組合」として地域貢献するうえでは重要な分野であり、事業論的な具体化が望まれる。

3　「JA経営の変革」の方向

(1) 減収増益路線から減収減益へ

これまでの農協組織再編は、事業総利益が減収になっても、それ以上に事業管理費なかんずく人件費を減らすことによって事業利益や経常利益をプラスにもっていく減収増益路線を追求してきた。前回大会時に既に減収増益路線は行き詰まることを自ら指摘していたが、にもかかわらずその路線は踏襲され、ついに二〇〇七年度は事業総利益の減少幅の増大と事業管理費圧縮幅の減から事業利益は減少に転じた。恐れていた減収減益への転落が始まったのである。

それに対して議案は、組合員等への配当、出資金減、内部留保の過去三カ年平均を確保するための「目標利益（適正利益）」を一、七二九億円（〇七年度並み）とし、それに対して〇八年度の事業利益を〇七年度横ばいと仮定して出発し（それが信用事業をはじめとしてははなはだ甘いことは先に神奈川県の実態についてみたとおりである）、過去趨勢から計算して二〇一一年度の事業利益を四九四億円とはじき出し、そのギャップ一、二三五億円を捻出することを至上命令としている。これが二五回大会の真のテーマである。

それに対する議案の解答は、「もう一段の合併」と「県域一体化戦略」の二点に集約される。

議案は「今回の『平成の広域合併』の下での経済事業改革や支所・支店統廃合等による合理化効果は一巡しつつあり、もう一段の合併により規模拡大を追求しない限り、個々のJA単位でのさらなる合理化には限界感あり」としている。

この論理立て自体がおかしい。収入が減ってもコストをより減らすことで増益しようとするのが「減収増益路線」であり、いずれコスト削減が限界にぶつかれば、それは減収減益に転落する。それが今の農協の状況である。限界まできたコスト削減、端的に支所・支店統廃合による人員削減から反転して、増収を図る方途を探るのが素直な論理であろう。しかるに議案の論理は「減収減益に転落したのは減収増益路線が徹底していなかったからであり、もう一段の合併により減収増益を追求しろ」という「毒をもって毒を制する」の類の論理である。

農協には固有の業態戦略がないが、強いて実態から規定すれば「地域密着」であろう[3]。議案も「支所・支店等の組合員等との対面機能を充実させ、総合事業体としての十全な機能発揮」としている。その地域密着性からして支所・支店統廃合等を通じるコスト削減には自ずと限界があるとみるべきで、「今回の平成の広域合併」はその限界を踏み越えたからこそ減収減益に転じたのではないか。従来路線のさらなる徹底か、従来路線から転換するかの岐路にたつのが「大転換期」の農協である。

（2）もう一段の合併

そのうえで「もう一段の合併」の具体をみると、関連文書では、貯金量五〇〇〇億円未満農協には高度の経営管理体制は無理だとか（五〇〇〇億未満の農協は五割弱）、貯金量一一、〇〇〇億、販売額二〇〇億円（二一、〇〇〇億円以上単協数と現在の合併構想三九七とはほぼ一致）だとか、将来的には各県一桁、一県

図表1　正組合員一人当たり事業高と労働生産性―2006年―

単位：万円

	貯金残額	供給取扱高	販売取扱高	事業総利益／職員
500戸未満	3,480	674	1,268	924
～999	2,547	185	278	1,003
～1,999	2,612	140	198	948
～2,999	2,380	71	99	960
～4,999	1,750	64	79	852
～9,999	1,484	60	76	850
10,000戸以上	1,444	50	67	846
平均	1,613	67	91	866

注：農水省『総合農協統計表』による。

一農協も一〇県程度とか、さまざまに描かれている。議案作成の責任者は「いま、簡単にいえば一県一〇農協ですよね。……これが次の合併ということになると、二とか三とか一になるわけです」と言い切っている(4)。すなわち一県一～三農協のイメージであり、超郡農協ということである。二四回大会決定は「やむを得ず『一県一JA』を検討する場合には……」等の表現にも見られるように、一県JA構想にはどちらかといえば慎重だった。その態度もまた明らかに変わった。

そもそも以上の規模拡大効果論は金融規模に基づいている。議案の説明文書は、貯金規模で一〇〇億円未満を最低、五、〇〇〇億円以上を最高に農協を七ランクに分けて再集計し、規模が大きくなるほど赤字JAの割合が低下、労働生産性や事業管理費比率も良好になるとして、前述のように貯金量五〇〇〇億円未満のJAは経営管理能力なしとしている。現実の農協が信用共済事業に支えられている以上、このような結果がでるのはある意味で当然だろうが、それを言い換えれば「都市型の信用共済事業依存農協になれ」ということである。それは無理だから「ともかく広域化して貯金量トータルを拡大せよ」ということであれば、それは他の事業面を犠牲にしてJAバンク化を図れと言うことになる。

しかし協同組合の規模指標は貯金額だろうか。本来は「組織力」を示す組合員数だろう。そして組合員数別の集計では正組合員一人当たりの事業量は**図表1**に示すように、概して組合員規模に反比例する。また事業総利益／職員数を指標とした労働生産性も規模差はほとんどないか多少とも規模に反比例している。なおここで最小規模の農協パフォーマンスが高い点について北海道が多いといった反論もありうるが、そういう議論はやめた方が良い。そもそも農業に比重をおいた地域の農協ほど、自らの適正規模において農業を中心に据えた事業展開をしておればこその数字なのである。

それに対して貯金額を規模指標とするのはいうまでもなく銀行だろう。要するに狙われているのは、「ＪＡのＪＡバンク化」でしかない。

(3) 県域一体化戦略

もう一つの採るべき方向が「県域等を単位とした機能集約による効率化」である。これが二五回大会議案のハイライトである。すなわち「効率化可能な部分については、各ＪＡの枠組みを超えて、県域を一つのＪＡとみなした機能集約を行うことで新たな効率的事業運営体制を確立する」とされている。

具体的には、営農経済事業では県域販売戦略の策定推進、農機の県域一体運営、物流・肥料等の県域化、信用事業では県域農業金融センター、県域ローンセンター、県域年金センター、県域事務集中センター化など、貯金（年金を除く）機能を除く基本機能の県センター化であり、広域ブロックでは物流・Ａコープ・ＳＳ等の広域（会社）化、共済引受審査機能の東西日本引受センター化が描かれており、さらに全国への集約も語られている。

以上のなかで最も具体的なのは信用事業である。そこでは「二〇年後」を視野に入れ、「全ての県域において、県域本店がＪＡと直結・一体化し、県域全体としての経営資源が最も有効に機能発揮」する姿を描いている。〈農林中金－「県域本店」－単協－支店〉というＪＡバンクの完成像である。

このような事業ごとの県域化とともに、機能・リスク分担の考え方も、ａ単協と連合会の一体的な業務運営（事務処理、例　農機）、ｂ連合会（子会社）への機能移管（経営権は単協留保、例　Ａコープ）、ｃ「事業にかかる勘定やリスクを連合会に移転、ＪＡは事業の受託者として窓口・顧客対面機能」の三パターンに整理している。ｃは事業譲渡したうえで支店・窓口化するものでさすがに例示はない。

以上のような単協を超える広域戦略エリアの設定は、これまでもなされてきたことだし、また各事業の適正規模が異なり、高度に専門的な知識を有する職員を単協ごとに丸が抱えできないとすれば、ひとつの合理的な戦略だろう。対面的なフロントに対するバックヤード論も一つの論拠になっており、それは次節でみる生協事業の事業連合化においても指摘されたことである。その一つとしての物流等は既に成果をあげているし、産地形成も県単位での取り組みが多かった。信用事業も信連・中金の預け金依存ではなく、自らリスクをとって貯貸率を高める方向が不可欠だとすると、一定のエリア展開が課題になる。

問題は各事業・部門の適正規模はさまざまであって「県域」のみに絞れ切れない点にあるが、議案は県域にこだわる。その意図は次の点にある。すなわち、議案は、中央会を中心に県域戦略策定委員会を設置し、各連合会が「事業ごとの効率化・収支向上・事業伸張等の施策」に関する「県域戦略実践プラン」をとりまとめ、県域一体で取り組む、そのなかに「合併構想の見直しなど県域組織再編策」も組み込むとする。

実践プランの実施には「すべてのＪＡが参加することを前提とし、各ＪＡで『県域実践プランに取り組む』旨の組織決定を行う」。そのうえでＪＡの三カ年計画、事業計画に反映させる。つまり中央会を中心に県連レベルで県域戦略を策定し、県内全農協をそれに従わせ、各農協の三カ年計画まで拘束するという中央会中央集権制である。

以上は事業戦略に関してだが、さらに経営監視面で、個別単協のリスク管理、財務基盤管理、内部統制監査システム整備等に関して中央会・ＪＡバンクの「経営指導の一体的運営」が加わる。具体的な体制として、連合組織一体型（中央会を中心に各事業連がＪＡ指導対策会議を構成して一体的に指導）と中央会一元型（各事業連の指導関係の要員を中央会に集約して中央会が一元的に指導）の二案が描かれている。中央会としては前者は現実的妥協案、後者は各事業連から要員吸収しつつ後述する中央会問題を前向きに突破する理想案である。

さらに「財務基盤強化にかかる指導体制については、全中と農林中金がワンフロアで事務局を共同運営する」という頂上作戦が打ち出される。

なお中央会改革については前述のように総審答申を待つ段階にあるが、議案では現状で推移すれば多くの県中が期待される機能発揮が不能になるとして「県を単位とした現行の経営資源の活用・配分のあり方を見直し、県の枠を超えた広域連携による機能発揮のあり方について、組織体制の見直しも含めて具体的に検討する」としている。以上の論理からすれば、それは県中を全中の支部化したり、あるいは道州制をにらんで広域・ブロック本部等に取り込む方向であろう。

つまり事業論と中央会論が微妙に絡んでいるのが、たんなる「経営改革」に尽きない大会議案の問題点である。その点を次に見たい。

(4) ＪＡのＪＡバンク化あるいはフランチャイズド・チェーン化

以上を通して浮かび上がってくるのは、「ＪＡのＪＡバンク化」あるいは農協系統の「フランチャイズド・チェーン化」だろう。各事業ごとの県域一体化、広域化、機能・経営移譲がまず描かれた。しかしそれは各論にとどまり、まるまるの一県一農協化が普遍的になりたつわけではない。また一県一農協化したら中央会の実質的存在は限りなく希薄化する。そこで一県一桁単協化を大勢として、各単協が施設所有権（出資金）を保有したまま、いわばフランチャイズド・チェーンのフランチャイジー化し、フランチャイザーたる中央会・連合会等の県域組織のがんじがらめの経営指導を受けつつ「県域をひとつのＪＡとみなした機能集約」を行う。この「みなした」というところにフランチャイズド・チェーンの本領が表現されている。ＪＡバンク化において「県域本店」なる言葉が堂々と使われているが、法形式的には所有・経営権レベルで単協が信用事業を「本店」に譲渡して、その窓口支店化するわけではない。にもかかわらず実態的には「県域本店－支店」関係と「みなした」一体の経営をするということである。

そしてこのような戦略展開のなかで、経済事業を行わない中央会が、事業のあり方、組織のあり方、経営管理のあり方の全ての面において県域レベルでイニシアティブをとることにより、レーゾン・デートルを確保しようとする。これは全中の悲願だろう。

だが所詮は賦課金団体でしかない県中には単独でそのポストを確保する力はない。そこで後ろ盾が必要になる。後ろ盾の第一は権力的なバックアップである。それが冒頭の〇四年農協法改正を通じる、全中が策定した「基本方針」に基づいて中央会が「組合の組織、事業及び経営の指導を行う」という法制である。この「基本方針」方式をより具体化したのが先の「県域戦略実践プラン」にほかならない。

農協再編の農政担当者はかつてこう述べた。「農協は民間組織であるため、基本的に自らが改革すべきものである。ただ、金融については、預金という公共性から銀行・信金と同様に法的な強制力をもつことが可能であるため、これを農協全体の改革の契機として利用している」と(5)。JAバンク法はそのさらなる具体化だったが、〇四年農協法改正は全中に「基本方針」を義務づけることにより、もう一つの「法的な強制力」を付与した。それを、〈基本方針→県域戦略プラン〉の形で組織内化しようとするのが二五回大会の位置づけだといえる。

後ろ盾の第二はJAバンクとの一体化である。議案はいう。「中央会の農協法にもとづく指導とJAバンクの再編強化法にもとづく指導は、基本的に同趣旨」だと。そして、にもかかわらず別々に運営してきたため作業負担がかかったので「一体化」するのだと説明する。ここでも法を究極の後ろ盾にしている点が注目される。

このような官民挙げての中央会への統合作戦は、戦時期の団体再編問題以来の産業組合中央会→全中を通じる悲願であったが、ことごとく潰えてきたのもまた歴史の現実だった(6)。今回もその意図が実現するのかは定かではなく、実現したとしても中央会とJAバンクの一体化、全中と農林中金のワンフロア化においてどちらがイニシアティブをとるかは不明だが、お荷物の賦課金団体と転んでも稼ぎ頭の差は縮まらないだろう。本節としては「JAのJAバンク化」の方向を確認すれば足りる。

4　農協組織のあり方

(1)　単協・組合員のあり方

議案は正組合員基盤の「多様化」、「准組合員比率は上昇の一途をたどっており、二～三年以内に正・准組合員比率が逆転することも想定されるそのため、JA組織・事業基盤の見直し・強化が求められる」としている。そして冒頭では「農を基軸にした地域に根付く協同組合としての役割発揮」が求められているとしている。端的にいえば地域協同組合化の方向だが、その点について議案全体はいかにも及び腰だ。

内容は正組合員基盤の維持・拡大と准組合員の加入促進であり、前者については二四回大会では「政策対象としての担い手」中心だったが、今回は自給的農家や定年帰農者、女性農業者、青年農業者の加入促進をうたっている。そしてここでも「離農者の土地の受け皿として集落営農組織・農業法人の位置づけが上昇」したとし、それに対する「個別対応力の強化による結びつきの強化・囲い込み」としている。「結びつきの強化」はいいとしても「囲い込み」とは前述のように「つばつけ」の意図が丸見えで、正直といえば正直である。しかしそれは「個別対応力の強化」で果たせるものか。

准組合員対策も直売所、住宅ローン、総合ポイントなど一通りの手段をあげている。連合会が都市部にアンテナショップを設置して「都市住民の取り込み」を行う、全国連によるネット販売等を念頭に「全国をエリアとするJA設立の可能性」も指摘されている。一つのアイデアではあるが、「地域に根ざした協同組合」のアイデンティティに係わる問題だといえる。

問題は組合員拡大目標の立て方で、利用事業量も勘案して「准組合員のみで既存正組合員の減少をカバーするために必要な新規准組合員数」一〇〇万人としている点である。これでは准組合員対策とはもっぱら正組合員（とその利用）の減少をカバーするという位置づけになってしまう。しかも三カ年での正組合員三三万人の減に対して准組合員一〇〇万人増は、正准組合員比率の逆転を積極的に促進しようということになる。そうなれば組合員参加を旨とする協同組合として、共益権のみで参加権なき組合員が過半を占める状態を放置していいのかという問題が当然に出てくる。

このような問題を突いたのが、『中日新聞』だった。同紙はかねてから「誰のための農協」等の農業問題を連載してきたが、二〇〇九年六月二五日付けで「農協六割が非農家」「規制逃れの登録」ということで、農協が准組合員制度を専ら員外利用規制逃れに利用しているかのキャンペーンを張り、併せて関係者・識者の見解を載せている。それに対して東海四県の中央会等が抗議文を出しているが、マイナスイメージの影響は大きいだろう。過半に達しようとする准組合員の位置付けを明確化せずしては防げない事態だといえる。

しかるに議案は「中長期的な組合員制度のあり方」を全中を中心に検討するとしている。明日にも正准逆転しかねない状況にあって、果たしてそれは「中長期的」な課題だろうか。農水省としては非農家を正組合員化すれば明らかに地域協同組合化し農水省の単独管轄を外れるから、農協に利用価値がある限りそれは許せない。それが「中長期的」という指示待ち姿勢の所以だろう。「JA将来構想・制度研究会」なるものの報告も引用しているが、「農協法を産業政策上の特別法として位置付けるのであれば、農業者主体のガバナンスは維持すべき」という煮え切らない提言のようだ。現行「農協法を……位置付ける」のではなく、農協の実態と乖離し省益確保に堕した農協法自体を変えることが課題である。ガバナンスを役員構成とすれば、既に一定数の非正組合員の登用は法認されており、それを前提に「農業者主体のガバナンス」は維持されているので何をか言わんやであり、問題は組合員資格そのものである。

なお第2章第3節で触れたが、新たな公益法人制度が発足することになった。公益性の基準を厳しくし、それをクリアした場合には新たな公益法人として税制上の優遇措置を講じるというものである。このことは協同組合にも深く関わる。なぜなら協同組合もまた税制上の優遇措置を受けているが、その根拠は通常言われている員外利用規制との関係ではなく、特定の医療法人との横並びにもみられるように、公益性に係わるからである。

しかるに公益性が厳しく問われると、構成員の「共益」を目的とする協同組合の「公益」性が問われることになる。新たな公益法人制度における公益性とは「不特定かつ多数の者の利益の増進に寄与する」ことであり、「受益の機会の公開」がチェック事項になっている。正組合員を農家に限定した農業協同組合の「公益性」が問われ、それとの関係で税制上の扱いが問題になり、その優遇措置を外されたら農協経営は恐らくふっとぶだろう。それをさけるためにも、地域に開かれた協同組合化が求められる。

もう一つのガバナンスに係わる問題は経営管理委員会の導入である。同制度は結論的に言って農協経営から農業者・非常勤理事を閉め出し「プロ経営者」にまかせて「経営者支配」を貫徹させようとするもので、導入した単協は不祥事を起こして行政の介入を招き、押しつけられて採用したケースがほとんどである。

そのようななかで経営管理委員会から理事会に戻るケースも生じている。すなわち東北のある広域合併農協は自発的に経営管理委員会制度の導入に踏み切ったが、「多くの組合員より機会あるごとに『会長と理事長との二本立て体制で制度の内容が複雑で理解しにくい』との意見がありまた、経営管理委員からも『業務執行権が理事会にあり、経営管理委員会には報告事項が多く、経営管理委員の組合運営への意欲及び責任感が稀薄になる、組合員からの意思が十分に反映されなくなる』等の問題点が指摘されていました」として、委員会を立ちあげて検討した結果、「従前の理事会制度に戻し、役職員が一体となって組織運営に携わ」ることにした（総代会議案）。貴重な苦い実践を通しての至当な結論といえる。

二四回大会では経営管理委員会について「今後の制度・運用のあり方の整理など必要な対応を行います」とそれなりに慎重だったが、今回は「多様な役員による意思反映およびJA運営を可能にすべく、経営管理委員会制度を活用する」と「活用」に踏み切った。その変化の背景は、前述のような「もう一段の合併」への転換にある。より大規模農協化すれば行政からの制約等により「理事枠の機動的な増枠は困難」なので経営管理委員会方式を導入しようということだろう。

（2）二次組織のあり方

実は大会にはもう一つの懸案事項があった。後述するスケジュールから議案には間に合わなかったが、その骨子は既に前項に示されている。それが中央会問題（主として県中の位置付け）である。

まず現実の中央会問題をみておこう。一九八八年の一八回大会、一九九〇年総審の一、〇〇〇農協構想、事業・組織二段の推進とともに中央会・連合会のあり方が問われることになった。当初は単協の大型化に伴う自己完結・自己責任体制の強化に伴い、連合会・中央会は一方で単協への機能移管と単協補完、他方で全国連との統合という二極分化をとげることになった。事業連については一九八八年の経連をかわきりに全国連統合が始まったが、そのなかで中央会の組織だけは手つかずで残った。形式的には中央会は県の区域に一個たることが法定されており、その統合には法改正を要するからであるが、実質的にはその県域代表機能が事業連における事業統合のようには処理できないからだろう。

そこで県中自体をいじることは組織整備後の将来課題とされたが、組織再編のなかで当然のことながらスリム化が要求され、単協への機能移管や中央会機能の集約化・重点化・高度化が図られた。一九九六年以降の数次にわたる中央会・全中の機能・体制整備計画において、県中・全中の一体的運営、要員二割削減、全中については要員二割、賦課金三～五％圧縮等の目標が追求された。そういうなかで、県中の職員数は一九九九年から減少に向かい、二〇〇八年度には二八％減となっている（全中は四％減）。その結果、機能遂行に要員不足を感じる中央会が多数発生するようになった。

他方で、中央会予算の三分の二を占める賦課金は、総合農協統計表によれば、二〇〇〇年の一七〇億円から二〇〇四年には二〇〇億円まで増えた後、〇六年には一九六億円と微減しているが、単協の事業総利益が減少に向かう中で、その割合は〇・八％から一・〇％に上昇し、一般賦課金では人件費・管理費が賄えない県中が増える一方で、単協サイドの負担感は高まる方向にある。また統合連合会組織からは賦課金の負担割合のルール化が強く求められている。県中賦課金の単協・連合会の割合は、単協ウエイトが徐々に引き上げられ四八％になっており、総審答申は既に九〇年代から単協過半を打ち出しており、単協負担を強める方向にある。

総審も、限界に来たとみたのか二〇〇六年あたりから要員・賦課金の削減を言わなくなっているが、中央会サイドには削減のみが一方的に進むことに対する強い焦燥感があり、単協サイドからは前述のように負担感の強まりがある。こういうなかで全中は〇八年一〇月に検討会をたちあげ、〇九年三月には「新たな中央会改革の基本方向」をとりまとめ、八月までに総審答申を得ることとしている（九月一日、全県存置を基本とする中間とりまとめになった）。

そもそも中央会は、二次組織が一次組織を補完するのではなく「指導」する、単協への賦課金組織が単協を「指導」するという二重の矛盾を抱え込んだ組織であり、その矛盾が賦課金問題として強まっているわけだが、さらにそれを先鋭化するのが先に見た二五回大会議案における中央会強化の位置づけだった。

協同組合における基礎組織はあくまで自然人組合員が構成員となる単位組合である。連合会はそのような単協を構成員とする派生的な二次組織に過ぎず、単協単独ではできないことを実現することで単協を補完する組織である。

前述のように今次の組織再編の当初は、単協大型化に伴い連合会は補完機能に徹するものとされていた。しかるに単協大型化にもかかわらず自己完結的な自己責任体制にはほど遠く、ＪＡバンク化を契機に逆転が始まり、上意下達のピラミッド組織化していった。逆転というより危機においてその歴史的体質が顕在化したといえよう。

このような基礎・派生組織関係において、二次組織が一次組織を「指導」するという中央会ははじめから異質な存在であり、戦後農協を構想したＧＨＱにも「指導団体」の発想はなかった。にもかかわらず事業連から落ちこぼれた「事業」をかき集めつつ「指導」を付加して立ち上げたのが全指連であり、それを継承しつつ、農民の利益代表機能と行政補完機能という「二重の、しばしば調整困難な機能のゆえにこそ農協制度のなかでも特異な存在」として生誕したのが中央会だった（『農業協同組合制度史』第二巻、六二二頁）。

そのような調整困難性を統制機関として純化させようというのが二五回大会議案であり、それに対して運動センター機能を別組織として再構築せよとする提案もなされている(7)。

しかし、協同組合とはそもそも運動と事業、組織と経営の統合体であり、別組織化は昔から繰り返し提起されてきたことではあるが、協同組合とは別のものになるということだろう。そして運動組織のナショナルセンターが、内部に強い統制力を有しつつそれをバネに政府と対等に政策協議していくコーポラティズム（団体統治主義）を展開するにあたっては、その内部統制力は不可欠だった。このような価格交渉力・政策協議力を発揮しうる限りで、統制力もエクスキューズされようが、それ抜きに内部統制力を強めるだけでは、コーポラティズムならぬその統制力を政策に利用されるだけである。

もし中央会に「機能革新」があるとすれば、それは二次組織という立場に徹した場合にいかなる機能を担うべきかを内外に問う以外にはない。大会議案は中央会機能として「農政・対外広報等の代表機能」と「監査・経営指導・教育機能」の強化をうたっている。このうち「経営指導」なるものの問題点については既に述べた。経営指導としては行政とタイアップした地域農業支援システムの構築、担い手や集落営農の育成、その法人化の促進、協業経営体の経営管理指導、農外企業の農業参入との調整等が重要になろう。

実質的な最大の機能は監査だろうが（県中の人員構成は経営指導一八％、監査一五％、営農、総務企画各一一%）、中央会監査をめぐっては規制改革会議等からの批判もさることながら、公認会計士協会からの「農協の会計に関する監査は、本来公認会計士が行うべきである」という批判(8)を単なる利害関係者の主張と片付けるわけにはいかない。

残るのは県域代表機能と教育機能であろう。農協が一面では組織・運動体として今日の地方自治民主主義のなかで存在感をもつには、県レベルでの意思結集・アピール機能が欠かせない。

第2節　生協の事業展開と生協らしさ

1　いわゆる生協「らしさ」

中国製冷凍ギョーザ事件に象徴されるような食の安全性問題が他ならぬ生協に起こったのは、生協が低価格追求のあまり安全性を怠り、「生協らしさ」を失ったからだ、というのが大方の見方だろうか。二〇〇六年全国生協組合員意識調査の生協に対する満足度調査では、食品の安全性がトップであり、共同購入・個配でも「配達される便利さ」に次いで二位になっている。組合員が求める「生協らしさ」は「安全性」であり、中国製冷凍ギョーザ事件はまさにその点を裏切った点で致命的だった。

しかし「らしさ」とは規範的・主観的であり、歴史的に変化する。「らしさ」にはそのような主観性がつきまとうので予め筆者の見解を述べれば、協同組合という企業形態上の特質をもって「生協らしさ」としたい。それは組合員という経営資源を有し、組合員の運動・組織（アソシエーション）と組合員のための事業・経営（エンタープライズ）の二面性を有する点である。この二面は矛盾しうる。組織はデモクラシーを求め、経営は効率性とマネジメントを求めるからである。そこでこの矛盾しうる二面を統合する媒介項が必要になる。それが組合員の経営参加、職員の「組合員の声を聴く」姿勢、それらを通じる「市場の内部化」である。

たんなるメンバーシップ制企業ではなくメンバーの経営参加、これが「協同組合らしさ」である。それは、市場経済社会における効率上の劣位にもなりうるが、同時にニーズ把握力で優位性を発揮しうる。その点で日本の生協は今、極めて厳しい局面に直面しているが、なお一縷の希望がないわけではない。

2　生協の事業展開

(1)　小売業における生協

二〇〇六年の日本の小売業の総額は一三五兆円、それに対して生協の総事業高は三・三兆円だから二・四％のシェアに過ぎない。二〇〇二年は小売市場の二・九％、食品小売市場の五・二％ということだからシェアは落ちている。

小売業全体は一九九〇年代後半に販売額を落としてきたが、〇一年末をボトムとして回復に向かった。〇四年末以降はほぼ横ばいだったが、景気は再び悪化している。業態別には百貨店は一一年連続減少、スーパー（以下ＳＭ）も〇一年は前年比増だったもののその後連続して減少しており、新規出店を調整した既存店ベースでは百貨店を上回る減少となっている。それに対してコンビニは八年連続して伸び率減だが、なおプラス成長であり、さらにドラッグストアやホームセンターの伸びは著しい。ＳＭやコンビニは「既に成熟度後半にあり、今後の成長性は乏しい」(9)とも言われる。

このような市場縮小のなかで、デパート業界は〇七年には大丸・松坂屋の経営統合、三越・伊勢丹の統合が相次ぎ、そごう・西武と高島屋の四強体制に入った。スーパー業界もイオンがヤオハン・マイカル・ダイエーを傘下に入れ、セブン・イレブンやイトーヨーカ堂のセブン&アイ、そして西友を傘下に入れたウォルマートの三大グループ化だが、前二社とも〇八年には減益に転じた。販売額は伸びないのに小売業の売り場面積は八五〜〇七年に一・五倍に増えている。明らかにオーバーストア状況だ。

まちづくり三法で郊外大型出店が規制されるなかで、イオンは住宅密集地でのミニスーパー、セブン&アイも郊外型から近郊型にシフトしており、いずれもPB（プライベートブランド）である「トップバリュ」「セブンプレミアム」の低価格商品を急伸長させている（朝日、〇八年六月一四日）。

一口で言えば食品小売業界は企業統合による規模拡大と低価格化により、縮小する内需産業でのサバイバルを競う状況にあり、生協なかんずく生協店舗もその渦中にある。

（2）日本型生協の事業展開――共同購入

日本の生協は店舗と共同購入という二つの業態を有する点でも「日本型」といえる。ヨーロッパはいうまでもなく店舗業態のみであり、かつイギリスはSMで敗退してコンビニに特化し、イタリアはハイパーマーケットで優位にたった。等しく店舗といっても特定の形態に特化しているのである。

日本は一九七〇年代までは圧倒的に店舗供給だった（一九八〇年で四分の三弱）。しかし七〇年代以降、共同購入の伸びが店舗のそれをはるかに上回り、一九八〇年代後半にはほぼ半々の状態になった。そして**図表2**にみるように、平成不況期以降、総供給高がよくて横ばいのなかで、店舗はじりじりと

図表2　業態別にみた生協の供給高の推移

単位：億円、%

年度	店舗	共同購入	個配	計
1998	12,786(48.5)	12,173(46.1)	1,397(5.3)	26,356(100.0)
1999	12,147(46.1)	12,036(45.7)	2,153(8.2)	26,336(100.0)
2000	12,582(45.0)	11,070(43.0)	3,113(12.1)	25,765(100.0)
2001	11,011(43.7)	10,421(41.3)	3,770(15.0)	25,212(100.0)
2002	10,926(42.9)	9,864(38.8)	4,661(18.3)	25,451(100.0)
2003	10,788(42.2)	9,200(36.0)	5,563(21.8)	25,551(100.0)
2004	10,722(42.3)	85,05(33.6)	6,094(24.1)	25,321(100.0)
2005	10,536(41.2)	7,995(31.3)	7,038(27.5)	25,561(100.0)
2006	10,494(40.4)	7,530(29.0)	7,977(30.7)	26,001(100.0)

注：日生協『2006年度　生協の経営統計』による。

シェアを落とすに至った。

今日、総供給高トップ一〇の生協のうち店舗供給が過半を占めるのは、こうべ、さっぽろ、かながわ、みやぎの四生協に過ぎず、とうきょう、ちば、さいたま、京都等は多くて店舗四割であり、日本の生協は依然として共同購入主体である。

しかし**図表2**にみるように個配の別計がなされて以降は、本来の共同購入は一路ウエイトを落とし、個配にとって代わられている。かくして共同購入が伸張著しく、次いで半分（以上）のシェアを維持したという意味での「共同購入生協の時代」（田中秀樹）は早くて七〇年代後半から遅くて九〇年代なかばくらいまでの二〇年程度、中核は八〇年代だった。

共同購入は単品大量結集を特徴とし、地域に「班」を組織し、班が荷受主体となって組合員が自宅まで運び込む形態である。団地棟の入口に生協のクルマが横付けされ、組合員が集まって荷受けして各人に配分し、各人が階段をのぼってドアまで重い荷を運び込む。荷受けは一種の協同労働であり、階段を登るのは購入後の商品を運ぶ家事労働だった。組合員にとっては家事労働という意味でアンペイドだが、生協経営サイドにとってもアンペイドだった。

このような供給形態・労働のあり方は、高度成長期にいかんなくその有効性を発揮した、男性片働き・専業主婦モデルを前提にしたものだった。「班」は経営的には共同荷受主体だが、それが同時に組合員組織の基礎単位となり、生協経営への組合員参加のルートとなり、かつ片働き男性が高度成長の企業戦士として高度成長と競争に総動員されて空っぽになった地域社会において、噴出する高度成長の矛盾に対抗する住民運動の主体になった(10)。店舗もまた落下傘部隊ではなく、地域における班組織の育成・成長を踏まえて出店された。

要するに高度成長期の労働力商品販売における男性片働き・専業主婦モデルに即応した日本的な生協の業態開発が共同購入だったといえる。それはまた日本的社会保障＝セーフティーネットの一環として日本型福祉国家を支えるものでもあった。

(3) 共同購入から個配へ

かくして共同購入は一つの歴史的な形態である。一九九一年に非農家世帯でも共働き世帯が過半を越すようになる。基礎としての男性片働きモデルは崩壊に向かい、荷受け班は遍在性を失い、共同購入は個配形態に移行する。**図表2**で、表示期間に個配は六、五八〇億円増だが、固有の共同購入は四、六四三億円減で、それは前者の七割にあたる。二〇〇二年調査で個配利用者の六割が共同購入利用者だったとされるが、おおまかにいって個配の六～七割は共同購入からのシフトで、純増ないしは店舗からのシフトが残り三～四割といえる。その意味で個配は業態開発というよりは業態転換である。

先にこのような業態転換は男性片働き・専業主婦モデルの衰退によるものとしたが、個配で気を吐くパルシステムからのヒアリングでは、高学歴・高所得の若い専業主婦層が主体だという。つまり専業主婦モデルの衰退だけが原因ではなく、根はもっと深い。それを一口に言えばグローバリゼーションである。市場経済への一元化としてのグローバル化は、人びとをバラバラに「ばらけ」させて競争の世界に巻き込む。「ばらける」という言葉は一九九一年の『広辞苑』第四版に初登場する。「まとまっていたものが、ばらばらになる」ことだそうだ。「ばらける」時代、荷受け班的な協同は「わずらわしい」「気兼ねする」ものになる。全人格的な関わりになりかねない地縁的定時的なつきあいは敬遠される。

かといって人びとは独りで孤立しては生きられない。そこで何らかの「協同」が求められる。グローバリゼーションをもたらしたコンピュータ化、情報革命は、他方では「ばらける」個人を再結合する技術的基礎を提供する。このような基礎の上に「ばらける」個人の新しい協同の受け皿になったのが個配だといえる。個配は先のアンペイド労働をペイド化したという意味で高コストであり、かつ環境負荷的といったそれ自体の問題性をもつが、共同購入とは歴史的背景を異にする新しい業態だといえる。

実は「ばらける」個人のもう一つの受け皿として店舗があるはずである。ヨーロッパに普遍的な店舗はそもそも個人利用の世界である。しかるに日本では共同購入↓店舗にはならず、共同購入↓個配に向かった。依然として日本型なのである。

（4）SMチェーンへの挑戦と事業連合

このようにみてくると生協における店舗形態がいかなる歴史性を担っているのか実はよく分からないところがある。日本の生協は前述のように店舗から始まった。今日も歴史のある生協は店舗主体である。

しかるに店舗生協は経営不振に陥り、生協のリーダーシップが共同購入主体の生協に移った——こうべからとうきょうへ——のが今日的状況である。いま店舗はなぜ不振なのか。

第一は、共同購入が「競合なき業態」であるのに対して、店舗はSMチェーンという先行する「競合ある業態」である。共同購入は運営ノウハウを先発生協に学ぶことで相対的に少ない資本と技術でチャレンジできるが、店舗は巨大な設備投資とSMチェーン・マネジメントの修得を必要とする。そして共同購入のような日本に特有の社会基盤や生協の独自マネジメントの発揮の余地は乏しい。その意味で「らしさ」の発揮しにくい業態なのである。

第二に、前述のようにSMチェーンはオーバーストア時代の過当競争にあり、消費不況が長期化しているなかで、競争は低価格化を主軸にしている。不況下では一般的に共同購入よりも店舗の方が苦戦を強いられる。

第三に、日本の生協は未だ現実にフィットした店舗の規模・形態を見いだし得ていない。コープかながわを例にとれば、八〇年代に五〇坪小型店を一〇四店舗出店して躍進したが、九〇年代には凋落し、次いでユーコープ事業連合の立ち上げ期に一、二〇〇～一、三〇〇坪のSSM・非食品のバラエティストア・ハーモスを出店したが、ステップアップを無視して失敗し、二〇〇二年からは三〇〇坪クラスの高級SM・ミアクチーナの「個店」化路線を採ったが、不況期にマッチするはずもなく早期に再転換したところである。

以上が日本の主要店舗生協の苦境の背景である。しかし前述のように個配が総体的には共同購入を食って伸張しているに過ぎない以上、業態間「共食い」を越えて外延的な拡大を図るには店舗業態へのチャレンジしかない。

しかるに店舗展開には一つの難点があった。生協法による地域規制で単協は県域を越えて組織展開することを禁じられていた点である。これは、競合のSMチェーンがリージョナル、ナショナルな展開を図るもとで決定的なハンディになる。そこで生協陣営が生協法規制をバイパスするために開拓した方途がリージョナル「事業連合」だった(11)。以上は店舗に即してのべたが、共同購入も含めて事業連合化が追求され、今日ではほぼ全国各地域にリージョナル事業連合が出そろった。

3　生協再編の時代

(1)　生協再編の時代

事業連合はバブル経済期に端的に規模の経済を求めて構想されたが、その発足・展開はバブル崩壊後であり、不況期に店舗事業は苦戦し、規模の経済も思うように発揮できず、事業連合化の負担が経営資源を提供した拠点生協に重くのしかかるなかで、九〇年代なかばにかけて事業連合は早くも見直し期に入り、ふたたび単協に軸足をシフトするようになった。

とくにかながわ・しずおかを中核とするユーコープ事業連合グループは最も統合度が高いだけに矛盾も大きく、連合と単協の機能分担や権限をめぐって紆余曲折を経つつ長らく低迷する。他方で一九九九年にコープとうきょうがコープさいたま・ちば等からなるコープネット事業連合に加入、とうきょうとさいたまはコープネットの場での「実質合同」をめざすなどして、生協陣営は再編期にはいった。

このような動向も踏まえつつ、日生協は二〇〇五年総会で「日本の生協の二〇一〇年ビジョン——構造改革の長期的指針」を決定した。「ビジョン」はウォルマート等の外資、SM全国チェーン、生鮮に強いローカルチェーン等とのサバイバル競争を前面に出しつつ、「日本最大の無店舗事業」と並んで、「二、〇〇〇億以上の事業規模」をもつリージョナル事業連合を確立し、さっぽろ、こうべと併せて「五〇〇店規模のSMチェーン作りを展望する」とした。同時に「統合意思のあるリージョナル事業連合と日本生協連との機能ごとの統合に先行的に取り組む」とし、コープネットとの商品部の統一、大規模物流センター建設による九州等の事業連合のテコ入れ、商品のエリア共同開発等に取り組んでいる。その最終的な構図は日生協を頂点とする全国SMチェーン化だろう。

このような大勢の下で、二〇〇七年夏、首都圏の二大事業連合であるコープネットとユーコープが二〇一〇年に向けての法人統合を公表し、二〇一二年までに機能統合することとし、一四生協・五〇〇万人組合員・七、〇〇〇億円事業グループ化がめざされた。さらに〇七年生協法改正により主事業所隣接県までの単協展開が可とされるなかで（県域規制の緩和）、〇八年一月には、ちば、さいたま、とうきょう、かながわが「首都圏四生協の合併の可能性について検討を始めます」と宣言した。

事業連合統合と単協統合が論理や思惑としてどう絡むのかは不明だが、統合事業連合内に複数の有力単協を抱え込むことによる意思統一上の難点をクリアしたいという意向は働くだろう。他方で統合事業連合の供給高の七割を占める単協が合併した暁になお事業連合が必要か、周辺生協は合併生協に業務委託すればよいではないか、ということになりかねない。そこに透けて見えるのは日本の事業連合化は、単協の二次組織としての固有の必要性にたつというより、県域を越える単協合併に向けての便法に過ぎなかったという本音である。厚労省・日生協コーポラティズムによる〇七年生協法改正の位置も（バイパスから本道へ）そこにある。

それはさておき、このような大合併構想打ち出しのその矢先に起こったのが例の中国製冷凍ギョーザ事件であり、統合のプロモーターである日生協やコープネットがその当事者になった。それを契機として事業連合の二〇一〇年統合は「凍結」、それに伴い四生協の合併論議も「凍結」になった模様である。

以上がかいつまんだ経過だが、ギョーザで統合がふっとんだという単純な関係でもなければ、「凍結」が単純に凍死を意味するわけでもなく、解凍もありえよう。ギョーザ事件が真に問うているのは、それを「バイオ・テロ」と断じてその被害者になることではなく、日本の食の安全体制そのものが問われたことであり（直前に総務省から輸入品検査体制のずさんさが指摘された）、生協に即して言えば、まさに上述の事業連合化やその連帯強化のなかで事業連合内のシステム統合の不備、そして日生協―事業連合―単協の機能・責任分担の不明確さが露呈したということだろう。その点の整備を抜きにして事業連合や単協の統合を急いでも禍根を残すのみというのが当事者や厚労省等の判断と推測されるなら、ギョーザ事件は統合の出鼻を挫いたというより天の啓示ともいえよう（その後、配送コストによる地域価格差を設けるかといった経営方針・理念の相違や、システム統合のコスト高から両事業連合の合併は「凍結」ではなく取りやめとなり、各事業連合内での単協合併の検討を続けている模様である）。

（2）低価格志向への対応と生協

ここで再び「生協らしさ」と何だろうか。小売業における激しい競争状況は冒頭に触れたが、ここで注目したいのは消費者の低価格志向である。生協が主戦場とする食についてみると、この間、国民一人当たりの食料消費支出は若い世帯主世帯層を先頭に一貫して下がっている。その主因はいうまでもなく食単価の低下である。一例をあげればキログラム当たりで米は一九九七年の四六〇円台から〇七年三六〇円台へ、パンは七五〇円台から六〇〇円台へである。この背景に長期不況と格差社会化があることはいうまでもない。

先に触れた二〇〇六年度全国生協組合員調査等によると、今後の生協PB商品に「優先すべき点」の第一位は、三〇代のみが低価格で、四〇代以上はことごとく「健康・カロリー配慮」が第一位で「低価格」は五位の低さである。若い世帯主層ほど食料消費支出の減少率や食単価が低いことに鑑みれば三〇代の低価格志向は本音といえよう。しかるに四〇代以上はどうか。そこに迫るには岩村暢子『変わる家族　変わる食卓』（勁草書房、二〇〇三年）並みのリアリティが必要だが、第1章第3節2にみたようにその後の低価格志向は全般的である。

以上から筆者は、今日の消費者・組合員は生協に食の安全性を期待しつつも、背に腹は代えられず低価格志向を強めているとみる。このような事態のなかで低価格志向対応一般が「生協らしさ」の喪失だと断じるのは早計だろう。前述のように一部の共同購入・個配型生協は相対的に高所得層を基盤にこだわりを追求しているが、それを除けば、低価格志向に応えること自体は組合員ニーズに即するという意味での今日的な「生協」らしさの追求といえる。もちろん安全性を犠牲にして低価格を追求するとなればそれは問題であり、今回のギョーザ事件で責められるのはその点であろう。

なおここで生協の経営戦略の多様化・分化について一言すれば、基本的には共同購入・個配に徹するか、店舗展開もするのかの差に尽き、それは組合員の階層基盤を反映しており、そのことが低価格志向対応の差になるといえる。しかしここにきて前者の落ち込みは激しい。

(3)「生協らしさ」の追求

このようななかで、事業連合化や事業連合の統合は、規模の経済の発揮によって低価格化を追求する一つの有力な方途だといえる。しかしそれが究極にイオンのナショナルチェーン、当面はヤオコー、ベニマルのリージョナルチェーンをめざすのであれば、何も協同組合にとどまる必要はない。店舗部門を独立させてさっさとSMチェーン化した方がすっきりする（もっとも店舗の赤字を共同購入と共済でカバーしている現状では望むべくもないが）。

そこで真に問われるのが「生協らしさ」である。生協の企業特質、競合に対する優位点は前述のようにただ一つ、組合員の声を聴き、組合員の経営参加を通じる「市場の内部化」である。その点で事業連合化は固有の難点をもつ。事業連合は、自然人が組合員になる単協という一次組織の、その事業面のみを取り出して連合会に委ねるものであり、あくまで二次的・派生的な組織である。そして総代等は一人一票制ではなく利用高割になり、単協としての拘束議決権の行使となる。

事業連合は限りなく事業面の統合度を高めることがその内在論理となるが、統合度が高まれば単協には組合員組織のみが残ることになり、単協は出資主体として店舗等の資産の所有者にはなるが、経営は事業連合が行うのでたんなる「オーナーズソサェティ」化する。その結果、事業・経営は事業連合、運動・組織は単協という二階建てにならざるをえない。冒頭に述べた協同組合の「運動・組織と事業・経営の矛盾的統合」が単協と連合会の組織間関係に外在化するのである。

その外在化した両面をいかに再統合するかが事業連合のアポリアである。それへの挑戦を一口で言えば、事業連合の事業運営に単協の自然人組合員がいかなる形で「参加」しうるかである。もちろん単協代表が事業連合の理事や総代になるという間接民主主義の形式は整備されているが、それだけでは不十分であるとして各事業連合は様々な試行錯誤を行っている。ポイントは単協非常勤理事の登用と単協組合員の何らかの商品事業への参加である。

これまでの日欧の経験からしても、商品委員会、仕入委員会といった何らかの組織代表者を通じる参加は、生協が巨大化するなかで代表者自体が代表性を失い行き詰まっている。そうすると「市場の内部化」といっても、現実には市場メカニズムを採り入れた、モニター制度や、情報革命を踏まえた商品に対するクレーム・注文・意見等の多様なルートでの双方向的な受発信システムの整備が求められる。先に個配をグローバリゼーション時代の「ばらける」人びとの協同の形態と位置づけたが、「経営参加」もそのような工夫が求められる。代議制民主主義に代わる、あるいはそれと並ぶ参加型民主主義の具体化でもある(12)。個配は、たんなる配達形態の変化ではなく、そのような全システム改革なのである。

以上は事業連合に限ったことではなく、多かれ少なかれ巨大化した単協にも当てはまることだが、自然人組合員と間接的な関係に立つ事業連合は、事業連合が商品の開発・調達を一手に引き受けるだけに特段の工夫を要する。事業連合を構成する単協が合併してしまうことはその一つの問題解決の道であるが、県域を越えた単協合併はそれはまたそれで別の問題を生むのではないか。今日の生活協同は商品調達という点では確かに県域を越えているが、生活協同は商品に限定されない全生活的なものであり、住民自治という観点からも現時点では県域を最大とするのではないか。県域を越えた生協合併は財界等がめざす道州制の先取りになりかねない。県域を越えた単協内に県域ごとの内部組織をつくればよいではないかという意見もあるが、ならばなぜ合併するのか。先の首都圏四生協の合併の検討開始にあたっての理事長達の声明は、ほとんどもっぱら事業について触れ、肝心の組合員組織については付け足しでしかない。そこに今日の生協トップの思考が端なくも現れているといえる。

第３節　協同組合はどこに行くのか

県内一～三農協か超県域生協かというスケールの違いはあれ、農協も生協も大規模化をめざしているが、それがそれほど簡単ではないこともまた同様である。農協は明確な業態戦略がないままにＪＡバンク化に流れようとしており、それに対して生協はこれまで共同購入や個配という独自業態を開発することで事業を伸ばしてきた。その生協もＳＭ業態という競合と同一の業態に突き進むことで経営的にたいへん厳しい状況に立ち入っている。このような違いはあれ、「地域密着」の点では共通しているが、大規模化はその独自性を否定しかねない。

単協規模の拡大が、単協・連合会の関係に新たな問題を引き起こしていることも同様である。協同組合にとって一次組織（単協）と二次組織（連合会）の関係は常に心すべき問題であり、とくに単協についての研究は多いが、連合会を「協同組合の二次組織」という観点から深めた研究は乏しく、その実態に即した充実が切望される。

いまヨーロッパでは業界団体等から政府や欧州委員会に対して、協同組合の利用高配当非課税、員外利用規制撤廃、優遇税制等についてＥＵが禁じている国家補助に当たるという提訴が相継ぎ、それに対してＩＣＡライナー欧州事務局長の「大規模協同組合は協同組合といえず、ＥＵ競争法を尊重していない」とする発言も伝えられている。

いずれにせよ「協同組合と規模」の問題が遅かれ早かれ国際的に提起されるだろうし、規模の大きい単協やとくに連合会のあり方が問題になるだろう。規模拡大のみに活路を求める動きへの警鐘といえる。もちろん規模拡大自体が悪いわけではない。組織のあり方や業態に即した適正規模はあり、そこまではスケールメリットが発揮される。しかしそれを超えると業態の自己否定になりかねない。

協同組合という企業形態についても、これまで欧米の協同組合の限りなく株式会社に接近していく方向が伝えられ、日本の協同組合もそちらをめざすかにも見えた。その先頭を切ってもおかしくない農林中金が、今回の金融危機から系統内に巨額の出資を仰ぐに至り、もしも株式会社化していたら常識的には不可能な出資確保を比較的「簡単」に達成した。生協もまた首都圏において巨大単協化をめざしたが、その折も折、中国製冷凍ギョーザ事件を一つの契機に修正された。単協の超県域化が企業形態に係わるとは直ちに言わないが、実態的には株式会社形態と変わらなくなるだろう。

事業の展開分野という点では、既存の協同組合が、福祉や生活の面に取り組めるかが問われる。今日の生活協同の要請は高度成長期のような商品のみにとどまらない。福祉、介護、社会的包摂、環境など多岐にわたる。ある県の農協組織が組合員と土地持ち非農家にアンケートをとったところ、農協への最大の期待は福祉と葬式だった。

このような傾向のなかで、既存の生協の大規模化、実質的な株式会社化に飽き足らない人びとは、既存生協への関心を失い、社会的協同組合等の新しい展開を試みている。そこでは協同組合に固有のメンバーシップ制に対して、地域のみんなに開かれた「公共性」が追求されている[13]。

福祉・環境、社会的包摂、そして公共性は今日における協同の新しいテーマであり、新しい「らしさ」の追求である。既存の協同組合が様々な形でこのテーマにチャレンジすることは大切だが、その全てに自己完結的にとりくめないからといって直ちに存在価値を失うわけではない。多様な協同組合の協同とネットワーク化こそが課題である。

注

（1）農協労連から農業・農協問題研究所が受託した共同研究「国際的金融危機のもとで農協信用事業に求められること」の報告書（二〇〇九年五月）に基づいている。農協金融の全体については木原久「JAバンクシステムと農協信用事業の展開方向」拙編著『協同組合としての農協』筑波書房、二〇〇九年を参照。

（2）住専問題処理については藤井真理子『金融革新と市場危機』日本経済新聞出版社、二〇〇九年、佐伯尚美『住専と農協』農林統計協会、一九九七年。

（3）拙稿「協同組合としての農協」、前掲・拙編著。

（4）座談会「『新たな協同』とは何か」『農業と経済』〇九年八月号における甲斐野新一郎（全中総合企画部長）発言。

（5）奥原正明「農協改革」東大・公共経済政策ワークショップ、ｈｐｐｔ：／／ｗｗｗ．ｐｐ．ｕ-tokyo.ac.jp/events/workshop/summary/ws20060531.htm

（6）鈴木裕史「農業団体中央会改革問題の系譜学」二〇〇六年度政治経済学・経済史学会自由論題報告（〇六年一〇月二八日）。
（7）増田佳昭「中央会制度の変質と運動センター機能再構築の方向」小池恒男編著『農協の存在意義と新しい展開方向』昭和堂、二〇〇八年。
（8）斉藤敦「農協会計制度の特徴と課題」生源寺眞一他編『これからの農協』農林統計協会、二〇〇七年。
（9）三村優美子「食品卸売業の再編成」『生活協同組合研究』二〇〇八年六月号。
（10）田中秀樹『消費者の生協からの転換』日本経済評論社、一九九八年。
（11）拙著『農業・協同・公共性』筑波書房、二〇〇八年、第七章。
（12）組合員の経営参加については『生活協同組合研究』二〇〇七年一一月号の特集「組合員参加のあらたな方向を探る」なかんずくコープこうべ、パルコープの実践は極めて注目に値する。
（13）公共性とメンバーシップ性の関係については前掲・拙著の序章。

第4章　地域農業支援システム

はじめに

国の農政が混迷を極め、県農政も、高度成長期におけるような県単位での産地形成をめざした独自展開力を失い、国の農政を「下におろす」ルートの一環に嵌め込まれ、画一化する方向にある。そのなかで地域農業の困難に直面し、農業者に直接に対面する基礎自治体、農協等が地域農政の主体たらざるを得ない局面が強まっている。そこで、自治体と農業団体がなけなしの人材を一カ所に集中配置して協働体制を敷くいわゆるワンストップ化、ワンフロア化、地域農業支援センター設立といった動きがでてきた。地域が自ら地域農業支援のシステムを作る動きとも言える。地域の自然的歴史的条件に規定された地域産業である農業に対する政策は、農地や食料の確保といったナショナルレベルでのそれを除き、本来的に地域が担当すべきだとすれば、積極的な意義をもつ動きだといえる。

本章では、これまでの事例考察を踏まえつつ(1)、このような動向を「地域農業支援システム」として捉え、さらに事例紹介を重ねたい。なお以下では直接支払い政策について、現場に流布している「品目横断的政策」と農政の改称である「経営所得安定対策」を適宜使い分け、統一はしていない。

第1節　地域農業支援システム

1　協議から協働へ

地域における農業諸機関の協力体制づくりとしては、一九七〇年代の地域農政期以降、「自治体農政論」等が説かれてきたが、それは地域農政の受け皿作り論だったといえる。また農業技術面ではそれ以前から農業改良普及所の参画を得た市町村ごとの「農業技術連絡会」、いわゆる「技連会」がもたれてきた。しかし地域農政レベルにおける協働の必要性が強く意識されるようになったのは、何といっても生産調整政策を契機とするものだろう。国の農政が米流通規制の緩和と並行させて、同政策の主体を行政から農業者・農業者団体へシフトさせ、自らは撤退を図るなかで、それでは現場が動かないことを痛感している地域においては、両者の協働体制がいやおうなしに形作られるようになった。

その経験のうえで、ワンフロア化を決定的に推し進めたのは一九九〇年代からの農協の広域合併と自治体の平成合併、県普及組織の再編だといえる。

第一に、広域合併に伴い、従来は同一だった行政と農協とのエリア的なズレが広範に生じてきた。高度成長下の基本法農政期は一市町村一農協体制下で「連絡」や「協議」が機能し、その範囲での産地形成に力を発揮したが、今やそういう「幸福」な事例はまれになった。

第二に、広域合併により、農村が「都市」に形式的に統合され、農村でも都市でもないようなだだっぴろい「地域」が生まれるなかで、とくに基礎自治体の農政部局や農業委員会の弱体化には著しいものがある。農協にしても広域合併下の営農指導体制としては、営農経済部門を少数の営農経済センターに集約し、それによる地域離れを「出向く」営農経済渉外体制でカバーしようとしているが、それらの試みが定着したとは言えない。このように地域総体としての政策資源が脆弱化するなかで、なお残る資源をかき集めて集積利益をあげる必要が生じた。

その初期対応が市町村農業公社の設立だった。同公社は、広くは行政と農協等とが出資金や運営資金、人材を出し合って設立する官民混合という日本型の第三セクターの一つである(2)。第三セクターそのものは低成長期の社会資本整備や一九八〇年代の民活路線とともに増大するのであるが、そのなかで農業公社は一九九〇年代に急増した。その背景としては第三セクター全体とは異なる農業独自の要因があった。すなわち農業の衰退、高齢化による担い手不足、農地流動化の促進の必要性である。いいかえれば農家という第二セクターのみを農業の担い手としたのでは地域農業を支えきれない局面への突入である。そこで農業の衰退に対しては農業振興（新規作目や新規参入の養成）、担い手不足に対しては作業受委託や管理耕作、そして流動化促進に対しては農地保有合理化事業がとりあげられた。この後二者を制度化したのが一九九二年の農地法施行令による市町村公社による農地保有合理化事業の法認であり、通達による、担い手に利用権を設定するまでの間の管理耕作の容認である。

合理化事業に係る市町村農業公社を設立年次別に分けると一九九〇年代前半までに二八%、九〇年代後半に四八%、そして二〇〇〇年以降に二四%が設立されている（二〇〇九年度の総数は一四九で市町村合併等で若干減っている。以上の%は減少前のもの）。当初は制度改正を受けた動きだといえるが、七割を占める一九九〇年代後半以降の平成不況期、地方財政危機期における設立の背景には前述の合併が作用していると思われる。自治体を超えて広域化する農協を自治体のエリアにつなぎとめたい自治体側の意向が強く、農協としても管内各自治体の農業・農政への「温度差」は組合員平等の見地から看過できないものだった。

しかし地方財政危機が強まるなかで、農業公社方式も厳しくなってきた。第一に、ハードな法人組織としての第三セクターを設立するにあたっては、新たな出資が必要であり、さらに「公社」という名称に多かれ少なかれ伴う「公益性」の建前から収益確保（独立採算）が難しく、年々の運営資金の持ち出しが必要になり、これらの財政負担が重いものになってきた。また立ち上げに当たっては、それぞれのトップの戦略意思の統一と議会・総会等での組織決定が不可欠である。

第二に、そのなかで既存組織との機能重複に対する眼が厳しくなった。農業公社が掲げる諸機能のうち、地域農業振興の機能は行政や農協がほんらい担うべきものであろう。作業受委託や農業経営はほんらいであれば農業者自らが担う民業の領域に入ろう。農地流動化であれば農地法を所掌する農業委員会や基盤強化法を所掌する行政部局の仕事だろうし、農地保有合理化（中間保有）機能が必要なら県公社や農協合理化法人があるということになる。加えて第2章第3節でみたように、二〇〇七年には農水省が農業公社のあり方に疑問を呈し、二〇一〇年度からは市町村段階の合理化事業は廃止され、新たに農地利用集積円滑化事業が創設されることになった（それへの対応については後述する）。

このようななかで、農業公社のような「ハードで重い」組織ではなく、目的を明確に特定して、そのために必要かつふさわしい人材を持ちより、所期の目的がそれなりに達成されれば比較的簡単に解消できる「ソフトで軽い」組織が求められるようになった。

しかし従来の協議会方式、すなわち「協議」してそれぞれ調整分担した課題を各組織に持ち帰って実践できた時代は過ぎ、今や共通課題をともに実践しなければならない時代がきた。象徴的にいえば「協議」の時代から「協働」の時代への転換である。

2　振興から支援へ

支援システムに関してのもう一つの論点は「振興」と「支援」の関係である。従来、行政用語としては「振興」が用いられた。市町村農業公社も「振興公社」と名乗るものが多かった。しかし二一世紀に入り「支援」が増えてきた。前述のように「地域農業支援センター」もその一つである。

振興と支援はどこが違うのか。「振興」は行政等が主導権をとってプロモート（promote）するというニュアンスが強い。それに対して「支援」（enable）が使われるようになった背景には、福祉政策等における「支援国家論」（カリフォルニア大学のネイル・ギルバート教授）の影響がある。一九七〇年代までの福祉国家においては国家が積極的に福祉の政策・措置を行う。主導権は国家にあり、「大きな政府」にあった。しかるに一九七〇年代以降の低成長期、なかんずく一九九〇年代以降の冷戦体制崩壊・グローバル化期にあっては、経済の主導権が国家から企業へ、政策から市場にシフトし、国家は「私的責任に対する公共の支援」にとどまるべき論が強まった。いわゆる「支援国家」論の登場である(3)。

そこには二つの側面がある。一つはギルバートの文脈である。すなわち本来なら公共性国家が担うべき任務であるのに、それを市場や企業に任せ、国家は「支援」に回るという新自由主義的な「小さな政府」論である。ギルバートはそのような動きを「公共責任の暗黙の放棄」と批判的にみている。

二つは、本来なら地域なり経済主体が自ら主体的に担い追求すべき分野についてまで、中央集権的国家がパターナリスティックな干渉政策を行い、地域や経済主体の自主性を奪いスポイルしてしまうことに対する批判である。日本のような中央集権国家にはとくにその傾向が強い。それに対して国家や行政が「振興してあげる」のではなく、地域や経済主体の主体的な動きを「支援する」側に回るべきという地方分権時代の考え方である。

地域農業の担い手の育成等はまさに後者の分野に属する。国が一律に基準を定めてそれに合致する者のみを「担い手」として特定するのではなく、誰がどのような形で地域農業の将来を担うのかを地域自らが考え、そして育てていくことが必要である。

3　支援システムの多様性

「支援」を「協働」するシステムの形は、それぞれの地域が試行してきただけに多様である。その組織間関係論を俗な表現で示せば見合い・同棲・婚姻関係に例えられる。

第一の型は、具体的なワンフロア化まで至らない「ワンテーブル化」である（見合い）。形としては「協議会」に近く、「ワンフロア化」の模索段階といえる。念頭に置いているのは青森県五所川原市の事例であり⑷、同市は行政が飛び地合併のうえ、行政区域には二つの農協が拮抗しており、旧市を中心とする農協と行政のトップが意思疎通を欠くなかで、農業委員会が農業活性化プランの策定とワンフロア化の提起を行っているが、その農業委員会会長がつぶやいたのが、「ワンテーブル化」である。同市では市農協が人員四名の担い手対策室を置いて集落営農の育成に努力しているが、個別大規模経営の展開もみられるなかで、集落営農は農協が全面的にバックアップした経理一元化にとどまり、協業集落営農は中小規模の水稲・リンゴ複合農家の集落に限られる。

第二の型は、何らかの形での「ワンフロア化」の段階である。しかし一概に「ワンフロア化」といっても、それは制度的な形をとらない任意組織（同棲）のため、地域の実情に応じて様々なバリエーションがある。

第三の型は、「ワンフロア化」を制度体化した（婚姻）農業公社の方式である。本章では農業公社も広くはワンフロア化の一形態と捉えるが、以下ではいちおう農業公社とその他のワンフロア化を分け、後者を固有の「ワンフロア化」と呼びたい。

第四の型は、以上のような行政や農業団体といった「支援する側」だけでなく、「支援される側」自らが、たとえば集落営農組織が広域化するとか、集落営農が集落営農の設立を支援する、という形での相互支援の動きである。

第一と第二は、具体的には担い手育成や品目横断的政策対応のなかで生まれたもので、その目的がある程度達成されれば消えていくものかも知れないし、地域農政の担い手として恒久化していくかも知れない。第一から第二への移行は一応の目標といえるし、第一と第二の間は連続的で中間的なさまざまな形態がありうる。

第三は時間的には第一、第二に先行して展開されてきたものだが、このたびの農地制度「改正」で出直しを余儀なくされている。

つまり「ワンフロア化」は多様だが、発展段階的な位置づけができるものでもない。

本章では以下、第一と第二の中間的な位置にあるものとして酒田市、第二の形として上越市（第2節）と上伊那地域（第3節）をとりあげ、第三の型として島根県斐川町（第4節）、第四の型として広島県旧大朝町の事例（第5節）をとりあげる。

第2節　酒田市・上越市における取組み

1　酒田市の事例――推進員の接着剤機能の活用

（1）推進員を結び目として

酒田市は二〇〇五年に八幡・松山・平田町と合併した。かたや庄内みどり農協はそれに遊佐町を加えた範域であり、遊佐町は生協との産直等でユニークである。

酒田市の農林行政の体制は農政課、農林水産課、農業委員会であり、各二〇名、七～八名、七名の陣容である。農業委員会は経営改善係三名が農政課に移動して減員した。農政は農政課、農業委員会は農地関係という市長の整理によるものである。

市は国の補助金等も使いながら農協等のＯＢを「推進員」として活用している。すなわち①認定農業者関係の非常勤特別職として一名、②担い手育成推進協議会の推進員として三名、③水田農業確立推進協議会に一名、である。①は普及OB、②③は庄内みどり農協のOBである。これらの人件費は産地づくり交付金でまかなわれる。

さらに市職員一名が農協の営農企画課で集落営農等を担当し、同様に農協職員一名が市で生産調整の事務局を担当している。研修・人事交流の名目である。

このように事実上のワンフロア化に近い形になっているが、ワンフロア化そのものとはいえない。農協としては「ワンフロア化できないなら我々（OB）が出向いていこう。人間がワンストップの窓口だ」という気概である。

ここまで人事交流がなされながらワンフロア化まで踏み込まない背景には、地域農業の戦略構想に差があるからかも知れない。第一に、農協としては担い手育成も必要だが、それ以上に組合員農家の生産物をいかに販売していくかという園芸振興が焦眉の課題である。農協の販売額は米が一一八億円、園芸が二一億円、畜産が二二億円で、割合的には米が圧倒的だが、園芸に力を入れている。メロン、イチゴ、大根、パプリカ、花卉、梨、柿等が一億円作物になっているが、さらに一集落一品で金額的に小さな作物を育てたいとしている。

第二に、後述するように担い手育成についても個別経営か集落営農か絞りきれない恨みが双方にある。

このようななかで、農協OBのベテランが推進員として行政に入り込むことにより、実質的に農協の方針が貫かれているのが実態だといえる。

酒田市は認定農業者が二〇〇八年一月末現在で一、〇四三名（うち法人七、女性四〇名、共同申請二〇件）で全国トップクラスの水準にある。営農類型的には、複合経営二四％、稲作単一が一八％、稲作＋露地野菜一七％、稲作＋豆類一四％である。稲作関連はトータルで五九％になるが、意外に複合化が進んでいるともいえる。規模別には四ヘクタール以上が七〇％だが、四ヘクタール未満も三〇六戸いる。四ヘクタール未満は基本的に集落営農に入ることで品目横断的政策の対象にならない認定農業者はいないはずだという。また集落営農に関わる認定農業者は六〇〇戸であり、個人としての品目横断的政策への参加は四〇〇戸にとどまる。言い換えれば酒田市の集落営農は認定農業者を含み、彼らを核としたものが多いといえる。

農用地利用改善団体は八四、特定農業団体は八一で、内一つが特定農業法人である。なお酒田市の農業生産法人はトータルで一一少なく、協業化はせず自己完結型の農家が多いといえる。山形県は三世代世帯農家の割合が四九・六％と全国トップだが、酒田市はそのなかでもまたトップクラスであり、要するに「農家らしい農家」が多い。それだけに協業集落営農化が難しい地域だが、にもかかわらず基本的に認定農業者をカバーするだけの集落営農組織ができたのは、いわゆる「オペレーター型」と呼ばれる品目横断的政策対応の集落営農が多いからと思われる（「オペレーター型」とは行政用語で、作業受託のことだろうが、その実態は注意を要する）。

市の担い手育成総合支援協議会は二〇〇七年一〇月に全ての集落営農組織にアンケート調査を行った。その結果のいくつかを抜粋すると、立ち上げた理由としては「交付金確保」が六六％を占め、法人化や協業メリットの追求は各九％しかない。経理の一元化については「ある程度理解しているが心配もある」が七〇％、機械については個別と共同化が四一％と五〇％でせめぎ合い。組織再編は「考えていない」が五三％、法人化は「難しい」が五〇％、「模索中」が四四％で、「見込みがある」はたった四％、減減米への取組は「構成員に任せる」が七二％である。

さらに意見としては、「ＪＡ管内の集落営農の発想は不純。組織加入率が最高でも五年後の法人化をベースに議論したことは一度もない。とりあえずもらえるものはもらっておこうという発想である。所得に関わるナラシに期待しただけ」、「早い時期に法人化への移行に目途もつけず、だらだらと交付金確保だけの形のないみせかけの組織を続けていくと、本来の担い手である農家からだめになる」、「集落営農組織に加入の大きな利点は農機具を導入する際の補助であった。現実は不可能とのこと。これの不満が大きい」、「集落営農の場合、一番の問題は経理を誰がするかということ。帳簿を付けると言うことではなく、資金の管理・運用を誰がするのか。周りの人がそれを認めて任せられるか」、「特定農業団体は一過性のものであるので、集落営農のまま終了する雰囲気であり法人化への道は険しい。現状では個人法人なり認定農業者同士の連携による集落営農でよいのではないか」等々の記述がみられる。前述のように認定農業者が参加し、彼らがリーダーとして記述した可能性も高いが、それだけに事態を適確に見ているといえる。

他方、農業委員会も認定農業者に対するアンケート調査を実施しているが、その要望事項には、「集落営農組織等により農地の集積ができなくなった」「国の方針で集落営農となったが、認定農業者ではあるけれども生産組合内で集落営農を立ち上げたために協力しなければならないために、今のところ規模拡大できない」、「現在の品目横断の助成措置においても集落営農という一般農家の逃げ道を作って、認定農業者等の本来育成すべき対象がぼけてしまって、結局従来となんら変わらない認定農業者制度になっている」、「農政の転換（集落営農）で認定農業者個人での面積規模拡大は不可能となった。米作を中心とした土地利用型農業では活路を見いだせない。施設型、園芸型に転換するか、離農するか悩んでいる」と深刻である。

推進員たちも、全農家のためによかれとしてやっている農協系統の集落営農方式と認定農業者制度が矛盾する事態をそれなりに認識し、現在の集落営農は入り口であり第一歩に過ぎないことを強く自覚しており、その協業組織化を図るためにもワンフロア化への期待が強いといえる。

（2）酒田市の集落営農——きたひらた営農生産組合

明治合併村（旧村）である北平田村の一四集落、一九四名の組合員、参加面積五八八ヘクタールに及ぶ「日本一」を豪語する集落営農組織である。農家のうち不参加は六戸のみ、面積参加率にして九五％である。ほぼ「ぐるみ」の集落営農といってよい。水田面積二〇ヘクタールに達しない集落が三つ、転作すると達しない集落が一つあり、集落ごとの集落営農の立ち上げでは交付対象にならない農家が発生する。直接にはその救済といえるが、リーダーである農協理事をはじめ役員層のねらいはもっと遠大である。

すなわち、集落ごとの一四の生産組合を三年かけて二〇〇八年三月に解散し、七つの**営農組合**に切り替え、この体制で五年間の品目横断的政策に対応する。そして次の五年で営農組合の下の一五ヘクタール一班の作業班（三一班、一集落一班から四班まで）ごとに、やる気のある班から法人化を果たすというものである。

生産組合の解散は、前述の品目横断的政策の要件クリアもあるが、認定農業者など農業のプロが組織のリーダーを務めるには集落ごとの生産組合では数が多すぎるという難があったためである（現在の生産組合長は輪番制）。また今後は個人所有の農業機械は持たない申し合わせをしている。

品目横断的政策への対応としては、まず全体を束ねる「**きたひらた営農生産組合**」がいわゆる「二階」部分（一階は北平田地区農用地利用改善組合）として形式的には主要三作業のオペレーターの作業組合の形をとり、機械を営農組合に貸し出し、組合員に作業させ、経理の一元化を行う。

実際の作業は先の七つの営農組合（中二階）が組合員（個別農家）から機械を借り上げる形で、実際は組合員が自分の所有機械で自分の水田を耕作し、機械のリース料をもらって作業料金と相殺する。主要三作業以外の管理作業は営農組合で行う建前だが、実際は個別農家である。

販売代金や交付金は「きたひらた営農生産組合」に入り、同組合は拠出金・オペ賃金・リース料・カントリー代金等の経費を差し引いた残余は全て七つの営農組合に還元し、営農組合は個人出荷量等に応じて還元金を農家に配分する。これを「プレミア（ム）配当」と呼んでいる。

転作作業は各集落ごとに別の集団（少数転作受託組織）を組み、収穫は大豆作業組合に営農生産組合が委託し、それぞれ作業料金を払う。

以上では形式的には二階の「きたひらた営農生産組合」が「オペレーター」型の集落営農組織として特定農業団体になり品目横断的政策の交付対象となるわけだが、作業の実質は個人有機械による農家ごとの個別作業であり、それに経理一元化という形式的な上部構造をかぶせたものである。それだけでは「ペーパー集落営農」に過ぎないといえるが、北平田の特徴は土台となる集落単位の生産組合を解散し、営農組合の作業班に再編し、ゆくゆくは作業班ごとの法人化を目指すというビジョンを共有している点にあるといえる。地域のリーダー層の狙いは、担い手農家（認定農業者）が法人化組織の主軸になるという形での集落営農と個別農家の矛盾を止揚する方向だろうが、それが実現するかは定かでない。また筆者としては、生産組合（集落）の解散、作業班への再編という人為操作に多少の危惧をもつ。

以上の経理一元化「集落営農」の理念型に対して、実は協業型の集落営農の法人化の事例も地域には若干みられる。例えば中平田村の農事組合法人・アグリセンターフィールドは実質二戸の協業組織で二一ヘクタールを耕作しており、また八幡町の中山間地域の株式会社・和農日向は六名の構成員で二一ヘクタール耕作だが、妻の実家にＩターンした三三歳の者を年俸三〇〇万円で専従の従業員に雇用している。両者とも構成員以外に専業的な農業者がいない地域であり、庄内平野から見れば特異な地域ともいえる。

これらの協業組織からみれば、集落営農で農地が出てこなくなったという意味での「潜在的貸し剥がし」があるが、集落営農については「庄内の農家はどこまでいっても田んぼは自分の家の田んぼで、ほんとうに合意した組織ではなく、二〜三年で空中分解するのではないか。そうなれば農地はまた出てくる」とみている。集落営農リーダー層のイメージとは大きな違いがある。

2 上越市とえちご上越農協 ―― 協働と独自性の追求

上越地域の取組については既に報告したので(5)、本章では他の事例との比較の限りで要約する。上越市は高田市と合併した旧上越市に一三市町が合流して二〇〇五年にできた人口二一万余の巨大な田園都市であり、一部の都市部、平野部、広大な中山間地域という多彩な地域から成る。農協は二〇〇一年に七農協が合併し、今日では上越・妙高二市にまたがる組合員四万人強のマンモス農協である。

同市は合併と同時に、旧吉川町の経営改善支援センター長として集落営農法人の立ち上げに実績をもち、かつ自ら集落営農法人の役員としても活動しているＳ氏を農業振興課の副課長に抜擢し、さらに担い手育成総合支援協議会をたちあげ、その事務局＝推進チームを農業振興課内に立ち上げた。この事務局の事実上のトップにＳ氏が据えられるわけである。

この事務局の構成について、市は県の普及組織と農協に協力を求めた。その結果、事務局は、市の農業振興課担い手育成係五名程度、農協二名、県振興局二名、協議会コーディネーター四名等が張り付くことになった。このうち農協は課長職前後のベテラン職員二名が農業振興課のデスクをおいて常勤する。また県振興局からの一名は常勤、一名は週の半分程度の勤務である。県と農協からの職員はいずれも出向の形式はとらず協力職員という名目で、人件費や出張等は全て出し元の負担である。コーディネーターは普及ＯＢ、共済組合ＯＢ（参事）、農協ＯＢ二名（営農部長、営農指導員）である。いずれもベテランの職員、ＯＢといってよい。

農協も普及組織も上越市だけでなく妙高市等も含め行政より広域である。妙高市にも関係機関の協議組織はたちあげられているものの、両者が一上越市に協力を惜しまなかった背景としては次のような点が考えられる。

第一は、米の産地としての生き残りである。上越には「コシヒカリという化け物が徘徊している」という。これまで稲作単一地域として展開してきたが、上越米は魚沼コシに匹敵する実力をもちながら一般コシのランク付けで苦戦している。そこで地域は「上越米」ブランドを強烈に打ち出すとともに、三割減減、五割減減の環境保全米に活路をみいだそうとしている。

第二は、それと裏腹に米依存からの脱却を図る園芸作の振興である（酒田市と同様）。農協も定年帰農者のための園芸トレーニングセンターや直売所「旬菜交流館あるるん畑」に力を入れている。

第三は、政策対応であるが、S氏はWTO交渉、二〇〇二年の米政策大綱の動向から構造再編を必須とみていた。上越地域は水稲単作・兼業農業対応をしてきた総兼業的な地域であり、点としての個別担い手の育成だけでは面をカバーできず、集落営農的な「船」を用意する必要を痛感していた。しかも上越地域は広大な中山間地域を抱え、面積二〇ヘクタール未満の集落が四分の三を占める。そこでは品目横断的の要件を任意組織としての集落営農でクリアするのは難しく、やるなら一挙に法人化を果たして認定農業者の四ヘクタール要件クリアでいかねばならない。

このような課題に対する共通認識が担い手育成総合支援協議会という国の制度の下で事実上のワンフロア化を図る背景をなしたといえる。

実績をみると、二〇〇七年九月末で、認定農業者九七五、うち法人一二二（一戸一法人を除くと九二）、その面積シェア五五・六％、二〇〇六・七年度の組織化の実績は、農事組合法人四一、特定農業団体三、農作業受託組織一四、株式会社三、計六一であり、集落営農（法人）七〇の目標にかなり接近しているといえる。

それら組織の実態については先の別稿にゆずるが、集落営農法人化したからといって堅固な経営体が形成されるわけではない。リーダーは農協ＯＢや学校の先生といった指導的立場の前職だった人が多いし、内容的にも高齢者が多数を占めるケースもある。しかしここでのポイントは東北等でみた品目横断的対応のペーパー集落営農ではなく機械作業を始めとする協業に裏打ちされた協業集落営農である点である。上越地域の戦略自体が、政策対応ではなく地域農業の担い手づくりに置かれているのである。

このようなワンフロア化が果たされているが、行政と農協の認識や政策がぴたり一致しているかといえばそうではない。農協の（前）営農部長としては、前述の集落営農の立ち上げ目標七〇に対して管内の集落数は九五一、うち二〇ヘクタール未満が七七％を占め、とうていカバーしきれるものではない。そこで農協は株式会社形態の農業生産法人・アグリパートナー（ＡＰ）を二〇〇七年一月に立ち上げた。その仕組みは集落等の地域の複数農家を単位に参加を募り、参加農家は農協合理化法人に利用権を設定し、ＡＰが再設定を受ける。実際の作業はＡＰの指示のもとに班単位に行い、経理はパソコンを通じてＡＰに集約する。ＡＰは認定農業者としての品目横断的政策に加入し、ＡＰから作業班（農家）に労務費、肥培管理料、水役管理料、小作料が支払われる。班ではそれを出荷数等に応じて配分するわけである。転作については同様の形にするか、別の組織に委託する。そして班は五年以内に法人化するものとしている（このようなＡＰの形は、先のきたひらた営農生産組合にかなり似ている）。

ここでのポイントは参加要件が単数ではなく複数農家（班形成）とはなっているが、集落単位のまとまりは必ずしも求められてないこと、経理事務はパソコンを通じてＡＰが担ってくれることである。集落営農でも実際に経理一元化を誰が担当するかが問題であり、その点をＡＰが担ってくれるのは大きい。

問題は実際の作業遂行である。それが協業でなされれば協業集落営農になるし、なされなければ壮大なペーパー集落営農になる。実態は地域の農家の状況により様々のようである。すなわち当面は自分の田は自分でこなす形と、実質的な作業受委託関係が班内に生じてくるケースだが、徐々に後者が増え、法人化や班の統合が起こるものと農協はみている。

参加実績は、二〇〇九年秋で三〇班、一八一戸、二六四ヘクタールということで、政策対応が一段落したためか、二年前と比べあまり伸びていない。

このように上越市は実質的なワンフロア化を果たし、その限りで行政と農協の意思は統一されたが、同じゴールをめざしつつ、集落営農法人化とＡＰ参加型の二つのコースに分かれたといえる。行政サイドは当初はＡＰの立ち上げにより集落営農法人化と競合することを懸念し、また農協サイドでは集落営農法人化一本槍では、そこから落ちるケースが出てくることを懸念した。現実はどうかというとかならずしも競合関係にはないようにみうけられる。経理能力があれば集落営農法人化、それに自信がない場合や端的に農協ＯＢ等が地域でリーダーになっている場合にはＡＰ方式に行くようだ。中山間地域の農地がまとまりにくいエリアもＡＰ方式が有効だといえる。しかし果たして五年後の法人化は可能かとなると、前途は多難なようである。

第3節　郡の復活——上伊那地域

1　上伊那地域と上伊那農協——郡の復活

旧上伊那郡は天竜川の河岸段丘と山向こうの東部中山間地域からなる。農地一三、三〇〇ヘクタールの内訳は水田六六％、畑三四％で、一戸当たり経営面積は九六アールで県平均の九〇アールを少し上回る。耕作放棄地率は九％で県平均の一七・五％よりはかなり低い。農業産出額の構成は水稲三〇％（県平均二〇％）、畜産一五％（一二％）、花卉一二％（七％）等が県平均より高く、野菜二三％（一二％）はほぼ同じ、果樹八％（一九％）、きのこ九％（一二％）が平均より低い。相対的には水田耕作のウエイトの高い地域だと言える。

同地域は「一体で動く」傾向が強いといわれる。その証拠（条件）として税務署も警察署も上伊那郡単位ということである。地域水田農業推進協議会も上伊那地域で一本化されており、加工米について「上伊那とも補償」を行っている（担い手育成総合支援協議会は自治体単位である）。また上伊那情報センターが市町村の広域連合として電算処理を行っている。

さらに上伊那農政対策委員会なるものがある。規約によると「農業政策に関する諸要求実現のための運動結集を中心に地域連帯など視野の広い活動による農業、農村社会の健全なる発展を期する」とあるから農政団体だといえる。上部団体としてはＪＡ長野県農政対策会議が位置付けられて、下部組織としては地区農政対策協議会があり、農協支所単位である。委員長に農協組合長、副委員長に農協専務、議会代表、農業委員会協議会長、農家組合代表がなっている。

このような旧郡単位のまとまりには、農協が合併して郡単位の上伊那農協となった点が大きい。正組合員一七、一九二名、准組合員五、一一一名、併せて二万二千人を擁する農協で、県下の農協では正組合員数は二位、販売額一六一億円で六位、営農技術員八一名で三位、事業総利益はトップであり、特徴的な農協が多い県下でも有数の農協といえる。

同農協は広域合併に伴い二〇〇五年までは本所集中の事業方式をとったが、それがうまくいかず、地域重視型に切り替えたという。現在一六支所がおかれ、うち辰野・箕輪・駒ヶ根・東部（高遠など）が基幹支所となっている（伊那地区は本所が基幹支所を兼ねる）。自治体レベルで基幹支所がないのは南箕輪村・中川村・宮田村等である。そして支所は金融・共済・営農・組合員の四課体制をとり、その他の業務は本所直轄とされている。支所は決済機能をもち、なかでも営農課がおかれ、「営農技術員」はこの支所に分散配置される。この点が後の支援システムにとっても決定的である。そして自治体対応にはこの支所があたっている。

農協についての特記事項は「株式会社ＪＡ菜園」の設立である。これは水田農業については手厚い対策があるし組織もできあがっているが、畑作については何もないということで、「伊那西部地区等上伊那の広大な畑作地帯の農業振興の一助とするため、野菜のＪＡ出資法人を設立」というもので、伊那西部三、三〇〇ヘクタールの畑を対象に考えている。畑は一戸当たり面積も大きく管理が難しく、昔は畜産が盛んで飼料作に利用されたが、それが不調になると土地利用に困り、かつ工業団地がそういう畑地帯を狙うと言うことで、新規作目の導入モデルをめざしたものである。水田地帯でも集落営農が盛んになると、働き手のある農家は「何かやろうじゃないか」と畑作・野菜に目を向けることになる。

二〇〇八年に二、〇一〇万円のうち農協が二、〇〇〇万円を出資して設立。株式会社形態の農業生産法人で伊那市の認定農業者の認定を受ける。西箕輪村に六・七ヘクタールの農地を借地（手続き中を含めれば一〇ヘクタール超になる）。農協のほか二名（元農協職員五九歳と地権者五八歳）が各五万円づつ出資して構成員になり実働部隊となっている。パート八名の雇用のほか、農業インターン生一名（農業インターン研修生は農協の制度で現在は六名）が従事している。作付けは白ネギ、アスパラ、ブロッコリー、トマト、ビート等であり、三～四年の赤字は覚悟である。

農協はJA出資法人化にも取り組んでいるが、このJA菜園を除いて出資は二〇％未満あるいは五〇万円以下にとどめている。農協の連結決算にならないようにすること、口出しはせず運営は任せるが、農協離れは困るという立場だ。

農協は資材の大口利用には割引を行っている。一〇万円以上で〇・五％から二一〇万円以上の五％まで九ランクある。今のところ大きな経営の農協離れはないという。

2　宮田村方式

このような地域農政における「郡の復活」は二一世紀の動きであって、それ以前は自治体ごとに地域農業組織化に向けてのユニークな取り組みがあった。その初めが宮田村である。同村は一九七一年から全村を対象とする県営圃場整備事業に取り組み、それを受けて一九七四年に村農業振興条例を定めた。農場（耕作組合、生産者団体）参加農家の規模拡大や企業的経営の育成措置を講じるとして、生産団地の創設、農用地の流動化の促進、機械施設の高度利用等が掲げられている。

具体的には「農業生産集落経営方式」による「集団耕作組合」の設立である。これは折からの農村工業化を受けて専兼分化を促進し、専業農家は稲作の省力化による集約作の導入、兼業農家は作業・経営委託による勤務専業化をめざす。そのため、農協による農地賃貸借の斡旋を行う。当時は農地法に抵触するということで「申し合わせ」、農協が農家から農地を借りて集団耕作組合等に貸すというものである。貸借の条件は相対で決めるが農協が間に入ることで一種の保証機能を果たそうと言うことで、一九八〇年からの農用地利用増進事業（八五年からの利用増進法）の先取り的な動きである。

その後、転作強化に伴い、一九七八年からは独自の共助制度がはじめられる。転作奨励金と農家からの共助拠出金と合わせて委託者には稲作所得の八割補償、受託者や自作転作者にも一律補償（自作転作者の取り分＝委託者取り分＋受託者取り分）をするというものである。そのため一九八一年から村の農地利用委員会が転作奨励金を一括受領することを始めた。さらに転作団地を作り、貸し手の受け取り地代は作目にかかわらず一律、借り手の支払い地代は作目ごとに定める方式をとった。

借り手の作目にかかわらず受け取り地代は一定というのは一種の所有と経営の分離方式だが、貸し手はそれなりの地代が保証されることになる。この方式を長年続けてきたが「上からの組織作りに力を注いできたために、『誰も進んで変化を起こそうとしなくなる状況』……が生まれ、結局、『宮田方式』は高齢農家と兼業農家の救済策としての意味合いが強くなってしまった」(6)とされている。

今日、宮田村の経営所得安定対策への対応は一村一農場「宮田村営農組合」（農作業受託組織に分類される）方式になった。

3　飯島町方式

宮田村方式に代わって一九九〇年代以降の新しい時代のモデルを構築したのが飯島町の営農センター方式であり、この方式が駒ヶ根市、箕輪村、伊那市と上伊那の全域に拡がっていった。飯島町の取り組みについては各方面で取り上げられているが、町作成のパワーポイントや『金子勝の食から立て直す旅』が分かりやすいのでヒアリングとともに利用する。

きっかけは一九八五年の農業委員会の「飯島町農業振興センター」設立の建議だった。「全農業者の参加により、個別経営では解決できない課題に対応し、長期的展望に立った農業・農村の活性化を進めるため、農業者・町・ＪＡ・農業委員会・普及センター等による農業振興センターの設立」というのがその趣旨である。それに基づいて七カ月の検討がなされたが、そのポイントは「①全ての農業者の参加、②行政・農協・関係機関の連携、③個人経営では解決できない課題の解決」である。

後述するように宮田村方式との違い（反省）は①にある。「行政やＪＡが仕組みを上から整え、農家はあとから従うだけになると、農家が力強い担い手に育たない」という認識から、「組織作りの段階から農家自身が主体的にかかわるように心がけた」[5]。②はいわゆるワンフロア化だが、当時はまだワンフロア化という言葉は使われていなかった。前述のように当時の関係機関の糾合は市町村農業公社方式だった。しかし公社方式には①を欠くという難点があった。農業公社方式を検討したか否かは定かではないが、飯島町のめざすものとは少し違っていたのかも知れない。③は個別経営では解決できない課題となると何らかの協同・協業方式が見通されていたといえよう。

もう一つの特徴は、農業委員会の町への建議にみられるように、「行政が責任をもって取り組む」という強い意識である。だからといって農協排除ではない。その点は後述する。

八六年九月に立ちあげられた「営農センター」は、全農家（一、二七〇戸）参加型、機能は企画・調整・合意、農村の維持継承である。つまり実践・手足ではなく企画・頭脳の機能である。その組織図を引用すると**図表1**になる。

農業者の全員参加ということから、当初は集落単位の集落営農組合の設立が追求され、八七年度内に

図表1　飯島町営農センターの機構

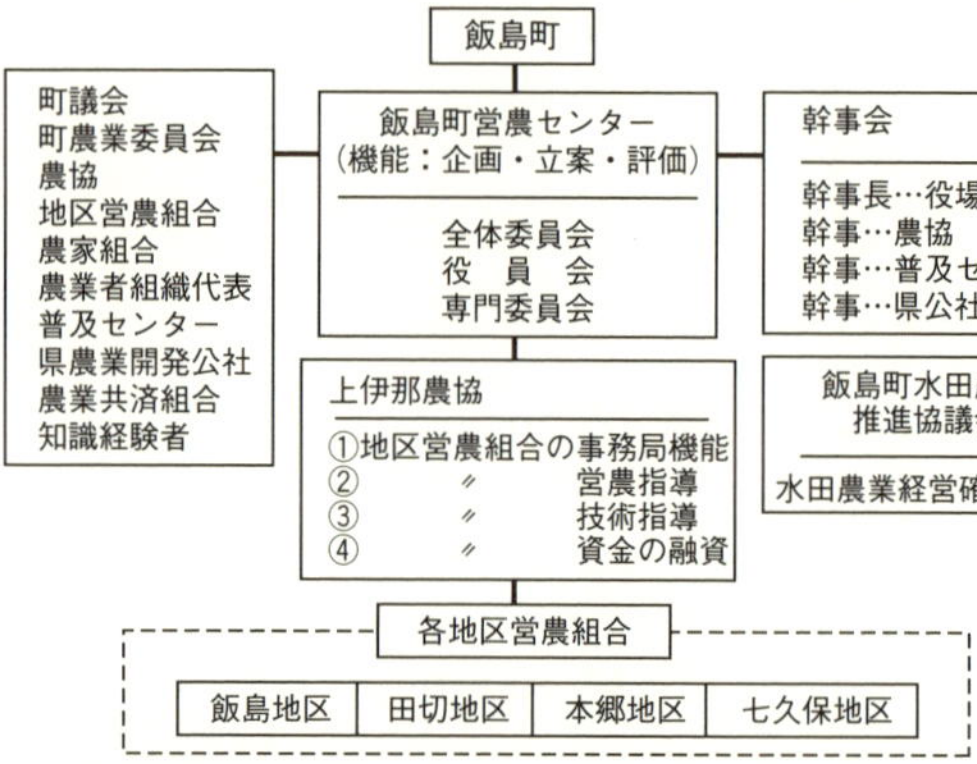

注：飯島町営農センターによる。

全三六集落で立ちあげられ、機械の共同利用、農地流動化の促進・調整、余剰労力での花卉とキノコと果物の里づくりがめざされた。「集落リーダーはいなかったが、センター委員と幹事が営農センターの計画の懇談を理解が得られるまで重ね、約半年で全集落に営農組合を設立」とパワーポイントにある。

しかしほどなく集落は取り組み単位として狭すぎることが意識されるようになった。規模が小さくコストダウンが進まない、出入り作が多く土地利用調整が集落内で完結しないというわけである。そこで一九八九年なかばまでに四つの地区営農組合への統合がなされた。

地区営農組合の範囲は藩政村にあたる。飯島町の村は明治に入りめまぐるしく離合集散を繰り返したが、明治二二年に飯島・田切・本郷の三か村が合併、次いで明治三一年に七久保村と合併して今日の飯島町ができた。だから地区は藩政村、飯島町は明治合併村にあたる。藩政村が現代における何らかの地域単位になるのはそう一般的なことではないが、飯島町の場合は、昭和合併がなかったことが、藩

図表2　営農センターと地区営農センターの関係

項　目	営農センター（町）	地区営農組合（農家）
役員構成	会長1名　副会長　2名 専門部会正副部会長各　1名	会長1名　副会長　2名 会計2名　理事　若干名 総代　若干名
総会 全体委員会 理事会 専門委員会	全体委員会が兼ねる 随時 随時 随時	必要な時 年1回（総代会） 随時 随時
事務局	飯島町産業振興課 ○幹事長　産業振興課長 ○幹　事 町産業振興課 町農業委員会事務局 上伊那農協飯島支所営農課 農業改良普及センター 県農業開発公社 南信農業共済組合	JA飯島支所（農協） ○幹事長　JA職員 ○幹　事 上伊那農協飯島支所営農課 町産業振興課 農業改良普及センター
財源	町・ブロック	組合費・利用料

注：飯島町営農センターによる。

政村・明治合併村の二層構造を残すことになったといえよう。

この地区営農組合が実践単位になるわけだが、その組織・運営を引用したのが**図表2**である。ポイントは営農センターの事務局が町の農業振興課であるのに対して、地区営農組合のそれは農協の飯島支所におかれている点である。つまり企画のとりまとめは行政、実践のとりまとめは農協という責任分担関係が組織的にもはっきりしている。この点もいわゆるワンフロア化方式との相違である。

前述のように当初は集落単位での協業が考えられ、集落ごとに機械利用組合（水稲協業組合）が作られ、構造改善事業で機械等も導入しており、それが一三の協業組合に統合されていたが、地区営農組合の設立に合わせて協業組合も統合して地区営農組合の機械利用部となった。これが集落→藩政村（大字）への統合の実体部分になる。地区営農組合への統合の背景には協業組合のオペレーターや地域農業の担い手の確保の狙いもあっただろう。

さて営農センターは設立時から農業農村活性化計画として「地域複合営農への道」を策定してきた。ここで「地域」とは集落から「旧村単位の広いエリア」に読みかえられ、「複合」とは、個人経営と組織営農、専業農家と兼業農家の複合、作目の複合（花とキノコと果物の里づくり）、機械・施設の複合、土地の複合、集落の複合、世代間の複合、地域社会の複合と定義されている。このなかで「集落の複合」は旧村単位のまとまり、「土地の複合」とは農用地利用調整システムを指すのだろう。後者の一環として地図情報システムも作られている。

この「地域複合営農への道」は、国の農政が三年ぐらいでコロコロ変わるなかで、それに対応したバージョンアップをもとめられ、二〇〇〇年頃からはパートⅢの検討が始まった。二年後に地域マネージャーとして農協の営農部長を定年退職したK氏が招かれ、その責任者になった。改訂にあたっては農家アンケートが実施されたが、その結果は、①農地は自分で管理するが六三％、縮小するが三二％、うち離農が全体の一一％、②後継者が農業を継ぐは二五％、③農業できなくなった時は営農組合に委託が七二％、認定農業者に委託が二三％、④地区営農組合の担い手法人の育成が必要は九二・五％、必要なしが七・五％と出た。要するに出し手はたくさんいるが受け手が少ないので、地域の面倒をみてくれる、担い手としての法人を作るという「次の段階へ進むべき」ということになった。

二〇〇四年にパートⅢを策定した頃は米政策改革は念頭にあったが、経営所得安定対策はまだ視野になかった。そこで同対策が打ち出された時は、ナラシ対策は二〇一〇年から取り組む予定でいたが、米価下落を受けて法人を設立して二〇〇八年から取り組むことにした。

各地区にはそれぞれ一～二の法人組織が既にあるが、キノコ・花卉栽培や都市農村交流の拠点施設等

図表3　飯島町の集落営農法人―2008年―

大字	法人名	法人形態	設立年月	構成員	利用権面積	主要3作業
七久保	水緑里七久保	有限	2005.4	15	21.5ha	19.9ha
田切	田切農産	有限	2005.4	13	35.5	25.9
本郷	本郷農産サービス	有限	2006.2	16	10.4	9.6
飯島	いいじま農産	株式	2007.3	8	1.1	29.8

注：飯島町営農センター資料による。

なので、前述の地区営農組合の機械利用部が核となって法人が立ちあげられた。法人の概要は**図表3**の通りである。

法人の実態は次章にゆずり、その共通する仕組みについてコメントすると、第一は集落・地区営農組合・法人の関係である。集落・地区営農組合の関係は、前者が後者に統合されたわけだが、全戸参加の意識の背後には集落がある。現在では集落は地区営農組合の委員の選出母体でしかないが、農協の農家組合（長）等も残っている。

次に地区と法人との関係は独特である。すなわち法人化に際しては最低三〇〇万円の出資金を募るが、その半分は地区営農組合が負担する。地区営農組合→「持株会」化であるが、任意組織の名で株は所有できないので、地区営農組合の代表者名義になっている。このような形で法人が地域から離れないようにがっちりと紐を付けるわけで、逆にいえば法人は純粋な法人ではなく「地域に埋め込まれた法人」である。持株会については株式会社化したいいじま農産は個人化し、本郷農産も株式会社への移行をめざしているが、水緑里七久保と田切農産はそこまでいっていない。

第二は、「共益作業料」についてである。これは「地主が貸付農地の畦畔管理（草刈）等を自ら担うことにより、借り手農業者の育成と営農を支援する」という趣旨で、貸し手が草刈り作業を行う場合は「通常の地代（標準）に草刈り作業分を上乗せした共益地代を受け取る」（『地域複合経営への道Ⅲ』四四頁）。これは次章でもみるように多くの集落営農（法人）にみられることだが、それを「共益作業料」と位置付けたところがユニークである。

こうして飯島町の体制の骨格はできあがった。そのうえで同町がめざしているのは、「一、〇〇〇ヘクタール自然共生農場づくり」であるが、本章のテーマからは外れるので、詳しくは『飯島町一〇〇〇ヘクタール自然共生農業基本計画書』（二〇〇七年）を参照されたい。

4　駒ヶ根市・伊那市の取組み

(1)　駒ヶ根市の取組み

前述のようにこの飯島町方式（農業者参加の営農センター・地区営農組合方式）はその後、上伊那全域に波及していった。

駒ヶ根市では一九九〇年に市農業のコントロールセンターとして営農センターを設立した。端的に言って飯島町方式の導入だが、飯島町とは地域差がある。機構図を引用すると**図表4**の通りである。これに基づいて簡単に説明していく。

①まず図の最上段にみられるように「市営農センター」は今日の国の農政上のあらゆる協議会等組織を兼ねている。農政関係だけでも国が地方にこれだけの似たような組織を作らせること自体の異常さが目に付くが、地方はしたたかに「中央分権地方集権」で一本化している。この辺にもワンフロア化の必要性が見え隠れする。

②図の左横の方であらゆる地域の組織が運営委員会に参加していることが分かるが、注目されるのは、

図表4　駒ヶ根市営農センター機構図

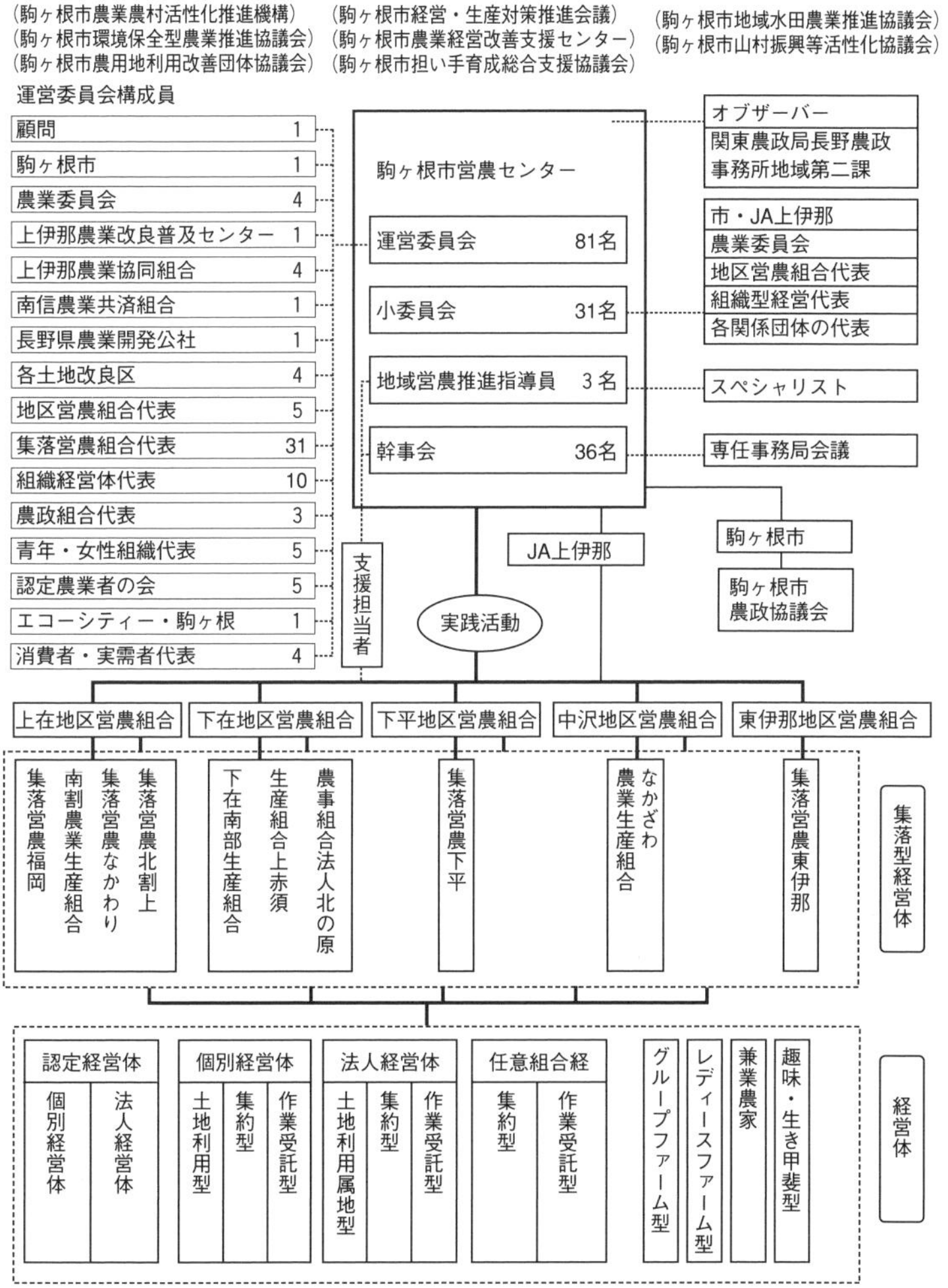
（駒ヶ根市農業農村活性化推進機構）
（駒ヶ根市環境保全型農業推進協議会）
（駒ヶ根市農用地利用改善団体協議会）
（駒ヶ根市経営・生産対策推進会議）
（駒ヶ根市農業経営改善支援センター）
（駒ヶ根市担い手育成総合支援協議会）
（駒ヶ根市地域水田農業推進協議会）
（駒ヶ根市山村振興等活性化協議会）
運営委員会構成員
顧問 1
駒ヶ根市 1
農業委員会 4
上伊那農業改良普及センター 1
上伊那農業協同組合 4
南信農業共済組合 1
長野県農業開発公社 1
各土地改良区 4
地区営農組合代表 5
集落営農組合代表 31
組織経営体代表 10
農政組合代表 3
青年・女性組織代表 5
認定農業者の会 5
エコーシティー・駒ヶ根 1
消費者・実需者代表 4
駒ヶ根市営農センター
運営委員会 81名
小委員会 31名
地域営農推進指導員 3名
幹事会 36名
オブザーバー
関東農政局長野農政事務所地域第二課
市・JA上伊那
農業委員会
地区営農組合代表
組織型経営代表
各関係団体の代表
スペシャリスト
専任事務局会議
駒ヶ根市
駒ヶ根市農政協議会
JA上伊那
支援担当者
実践活動
上在地区営農組合
下在地区営農組合
下平地区営農組合
中沢地区営農組合
東伊那地区営農組合
集落営農北割上
集落営農なかわり
南割農業生産組合
集落営農福岡
農事組合法人北の原
生産組合上赤須
下在南部生産組合
集落営農下平
なかざわ農業生産組合
集落営農東伊那
集落型経営体
認定経営体
法人経営体
個別経営体
個別経営体
作業受託型
集約型
土地利用型
法人経営体
作業受託型
集約型
土地利用属地型
任意組合経
作業受託型
集約型
グループファーム型
レディースファーム型
兼業農家
趣味・生き甲斐型
経営体

注：駒ヶ根営農センター資料。

地区営農組合、集落営農組合、組織経営体、農政組合、青年・女性組織、認定農業者、消費者・実需者代表等の農業者・市民代表が六四名で委員の八割を占めている点である。

③さすがに総勢八一名の運営委員会は総会のようなもので年一回だが、図の真ん中に実際の立案・実施組織が示されている。一つは地域営農推進指導員三名で、うち農協OB（五八歳）が市の嘱託の形で企画立案にあたっている。幹事会は月一回開かれ、その専任事務局会議がワンフロア化の核をなす。事務局は農協の営農課考査役二名、市の農林課農政係二名（他に会計担当二名）で構成され、事務局長・次長計四名（市二名、農協一名、普及センター一名）が加わる。そして幹事会三六名が認定農業者支援（六班）、地区営農組合支援（六班）、集落営農組織支援（一一名）に分かれて実働部隊として活動する。

④地区営農組合が五つ作られている。飯島町と同じく、当初は集落ごとに営農組合を作ろうとしたが対応できず、より広域の地区営農組合になったという話である。地区営農組合のうち、下平、中沢、東伊那は明治合併村、それに対して上在、下在は旧駒ヶ根市を国道の上下で地理的に分けたものである。従って基本的には明治合併村単位だと言える。それが藩政村単位の飯島町とは異なる点である。

地区営農組合は一律ではなく地区ごとの取り組み計画をもっている。すなわち集落営農やその法人化が共通課題だが、高原農産物直売所の販売促進、農業地区・非農業地区の棲み分けによる優良農地の保全、中山間地域直接支払いの共同取組事業の計画（鳥獣害対策など）が掲げられている。

⑤次いで地区営農組合ごとに集落営農（法人組織）を立ちあげようとしたら、今度はそれは果たせず集落単位のそれになったという（**図表4**の下から二段目の集落型経営体で、これが生産調整や経理一元化の単位になっている）。この点も藩政村単位に協業体が設立された飯島町と異なる。

その結果、地区営農組合は中二階的な位置になるが、協業組織が集落単位であるのに対して、地域農業支援、土地利用調整の単位がこの旧村ごとの組織になるのであろう。

駒ヶ根市では、農家が忙しいなかで農用地利用改善団体・特定農業団体等の説明まではなかなかできない、メリットも明確でないとしているが、飯島町と同じく二階建て方式による法人化をめざしている。いまのところ法人化したのは次章でとりあげる「北の原」にとどまり、その他の集落型経営体は農作業受託組織にとどまっている。

(2) 伊那市の取組み

伊那市も駒ヶ根市の二年遅れで伊那市農業振興センターを立ちあげた。地区農業振興センター、集落農業振興センターと三階建ての組織構造も同じである。動機としては先行事例があることに加えて、地域農政では「説明を聞く人は一人なのにしゃべる人は五～一〇人もいる」状況であり、指導機関が統一の言い回し、同じ言葉でしゃべれるようにする必要があるということだった。振興センターは市の組織として作られ、事務局長と臨時職員一名が専従である。前者は元農協の営農部長である。

市センターの実行部隊としては、ここでも地区農業振興センターが位置付けられる。地区センターは農協支所単位に置かれ、農協支所の営農課長と農林振興課の地区担当が中心になる。またセンターには市単事業でアドバイザー三名が置かれるが、年齢は六三～六六歳、元農協の営農関係と金融関係の職員である。彼らは地区からの要請で動く。

このように実態は農協主体とも言えるが、その理由は農協サイドからすれば、行政は国県との連絡が主たる仕事で、農業の専門家はいない、真の農業振興は農協がやるしかない、それならば振興センターでともにやろうという位置づけである。

市としては特定農業団体はあまり推奨しないが、アドバイザーの努力もあって二つが特定農業団体になった。二〇〇七年法人化を目標にがんばってきたが、品目横断的政策が加速化され手が回りきらず、多くが作業受託組織に留まっている。上伊那の作業受託組織としての集落営農三七のうち二〇は伊那市である。センターとしては二～三年以内の法人化をめざしており、当面の焦点は東春近村、西春近村における法人化なので、次章ではその二つのケースを取り上げる。

第4節　農業公社による利用集積――島根県斐川町

1　斐川町農業公社とグリーンサポート斐川

斐川町は一自治体一農協の点が今となっては特徴的である(7)。同町は農業基本法を受けて一九六三年に農林事務局を設置する。役場内に普及所の出先が置かれ、町と農協が各二〇〇万円を出して地域農業の振興方策を検討する場として設置された。今日でも町の農林施策はここを通さないと進まない仕組みにはなっている。一九七二年に農協のライスセンターが設置されて、農協の機械リースによる作業受託農家二〇班二〇〇戸が農作業班協議会に組織され、斐川農業の構造も動き始めた。一九九二年に農林事務局の農地集積の機関として農用地管理センターが設置され、農協OBが一名配置された。センターは多くて年一五ヘクタールほどの農地の斡旋をしていたとされる。

このセンターを再編して、町と農協が各二、五〇〇万円を出資して一九九四年に設立されたのが斐川町農業公社である。当初は農協ＯＢの事務局長（現在は三代目で五五歳）と役場職員一名、プロパー職員一名（現在三三歳）だった（以下、年齢は二〇〇八年調査時点のもの）。彼は研修制度の後継者育成として公社が三名雇用したなかで唯一残った者である。

役場職員は二年半後には引き上げ、現在は農林振興課の中に公社担当が一名いるのみである。先のプロパー職員はその後に後述するグリーンサポートに移籍し、代わりにプロパー職員（同二八歳）が採用される。

運営資金はピーク時で計一、〇五〇万円が町と農協の折半で確保されたが、現在は農協が四五〇万円、財政難ということで町は三六〇万円に減らしており、農協と公社から町に対しては再度の人員派遣を要請しており、町としても出向等の条例制定を検討しているところである。農林振興課も一〇名体制と厳しいので出向となれば何らかの業務をもっていくことになる。

このような資金難のなかで、公社は農協から育苗等の委託を受けた場合に三％の手数料をもらうとか（公社も管理作業に携わる）、堆肥散布一五〇ヘクタール、土壌改良剤散布二〇〇ヘクタールに取り組むとか独自財源の確保に腐心している。

公社の立ち上げの直接のきっかけは前述の農地あっせんではなく管理耕作に対する新たな需要であり、公社が合理化事業にとりくむのは遅れて二〇〇一年からである。二〇〇二年に町が行ったアンケート調査では、公社や法人に農地を任せたいとするのが三二％、公社に作業委託したいが一四％あり、受託組織としても期待されていることが明らかになり、二〇〇三年に受託組織としての**有限会社グリーン**

図表5　斐川町農業公社と関係団体

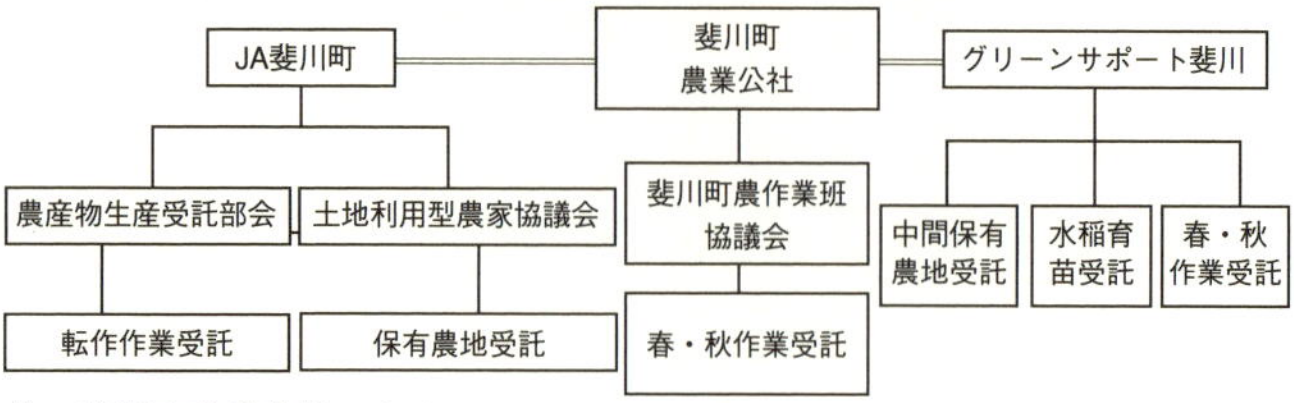

注：斐川町農業公社による。

サポート斐川（以下ＧＳ）を、町と農協が各四九〇万円、社長（六二歳、公社の臨時職員）が二〇万円の出資の計一、〇〇〇万円で立ちあげた。プロパーの職員として先の三三歳氏が作業を担当する。彼は自立就農するのではなくＧＳの職員として農業に携わる道を選択した。

これに伴い公社の現業部門は全てＧＳが行うことになる。ＧＳの背景は以上のようだが、直接には管理耕作農地を水稲ではなく転作に当てるのがベターというのが公社常務の判断だが、公社だと転作の奨励金がもらえないという問題があった。ＧＳは社長に一八〇万円、作業担当者に三五〇万円払って二〇〇六年度で当期利益三六万円を上げトントンというところである。

以上の関係図を引用すると**図表5**のごとくである。農協の土地利用型農家協議会は五ヘクタール以上の認定農業者二〇名の集まりであり、斐川町の個別の担い手がほぼ集約されており、その左の部会はそのうち転作作業受託する者で四名である。ちなみに斐川町の認定農業者は七五名（土地利用型三四名、畜産一一名、園芸三〇名）、集落営農組織は三二（特定農業法人三、特定農業団体二五、機械共同利用四）である。

町は二〇〇三年に案を各地域の営農座談会にかけて「斐川町農業再生プラン」を策定した。そこでは担い手農家、集落営農組織、特産・生きがい農家ごとの農地ゾーニングを行うとし、さらに地域水田農業ビジョンでは町一円の農地を一農場とみなす「一町一農場方式」を打ち出し、以上を踏まえて担い手ごとのエリア分担の協議を進めることとした。

町の合理化事業の実績は**図表６**のごとくで、これでは合理化事業の割合は必ずしも高くないようにみえるが、それは合理化事業以前の利用権があるからで、それを除けば増加分のほとんどは合理化事業にのっているといえる。公社の話でも白紙委任が八～九割にのぼっている。利用権設定にあたっては産地づくり交付金を原資として反当五、〇〇〇円を地主3、借り手2の割合で支給している。また農協を通じた小作料の振り替えの手数料を徴収しないためメリットが感じられ、地主からの白紙委任の文句も出ないという。こうして「公社に農地を出せば安心」ということで合理化事業が町民に浸透していると公社はいう（農水省の農地利用集積円滑化事業には最も近い位置にいる）。

以上を通じて担い手への集積は六〇％に達している。国の方針は七〇％だが、公社としては畦畔の草刈りも担い手に集中するので担い手の負担が過重になっており、このままでは限界で集落営農や雇用も必要としている。他方では二〇〇六年七月の農用地利用意向調査では二二〇ヘクタールの農地が動くことになるので、公社の活路をそこに見いだしている。

そのほか、担い手育成総合支援協議会の事務局は農林振興課、水田農業推進協議会の事務局は農協、集落営農の連絡協議会の事務局も農協で、公社は直接にはかかわらない（実際には大いにかかわっている点は次項で述べる）。いずれの協議会にもコーディネーターはついていない。

町農政の今ひとつの特徴としては生産調整のとも補償制度がある。それは水田面積反当五、〇〇〇円の拠出と町六〇〇万円、農協一、〇〇〇万円の助成に産地づくり交付金をプラスしたものを原資として、

図表 6　利用権設定面積及び合理化事業実績の推移

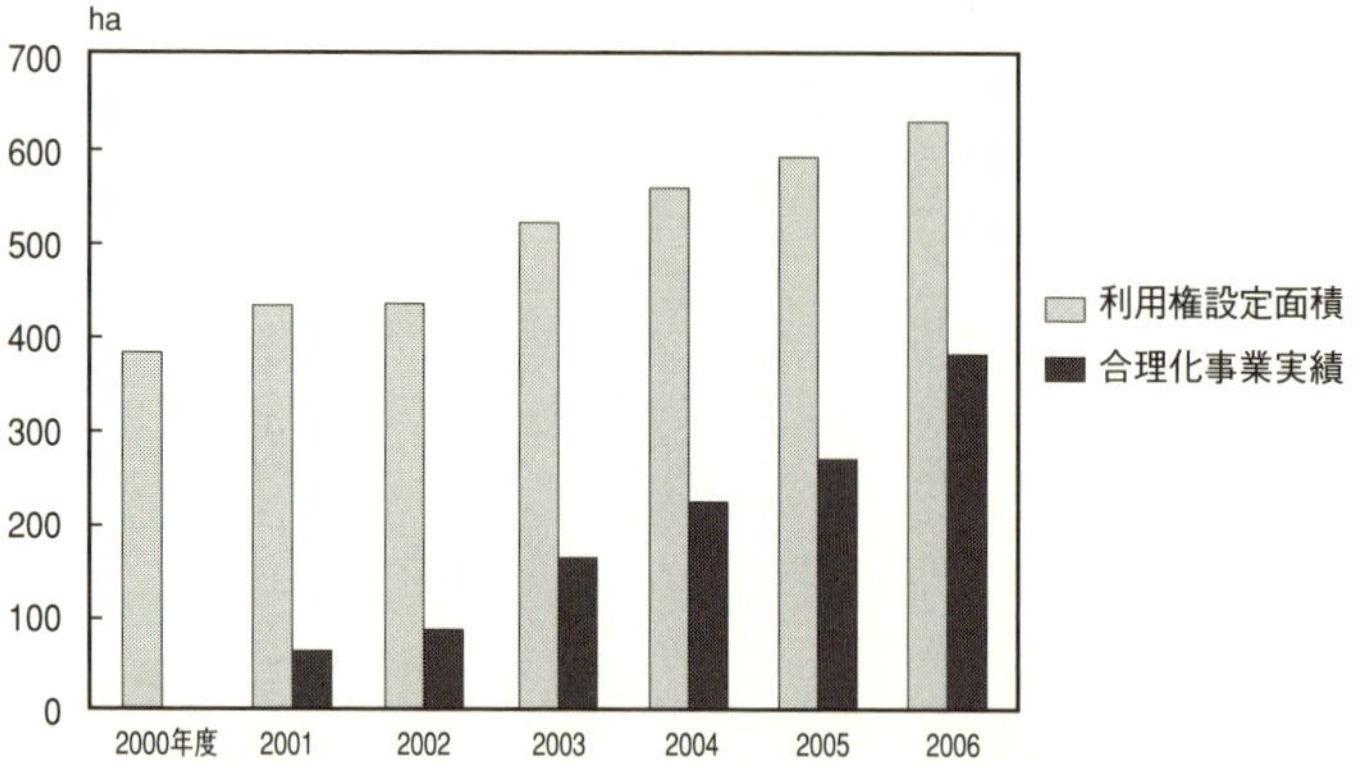

注：斐川町農業公社による。

地主に二六、〇〇〇円、実作業者に三五、〇〇〇円が行く仕組みである。利用権を設定した場合は、もちろん全額が借り手にいく。また割当面積の過不足は反当一五、〇〇〇円の授受になる。このように地権者にもそれなりに配慮しつつ、実転作者にメリットがいく仕組みが採られている。

2　面的集積機能と集落営農

以上を踏まえて公社なりGSがいかなる機能を果たしているかが問題である。まず前述のように「農業再生プラン」では担い手農家等がエリア分担するとしているが、具体的な図面上のエリア分けをしているわけではなく、担い手農家は二〇戸程度と少ないから自ずと守備範囲が決まっており、地元では誰のエリアか分かっており、飛び地にはならない。逆に飛び地を誰が引き受けるかが問題になる。

当初は公社が中間保有・管理耕作し現在はGSが利用権の再設定を受けている面積はピークで二五ヘクタール

程度までいったが、現在は一五ヘクタールであり、毎年変動する。それはGSの保有地が担い手なり集落営農の利用集積の調整弁になっているからである。おおむね条件の良い田は調整に使われて、GSには飛び地や町の周辺部の山付き水田が残ることになる。たとえば四戸が耕作していた六ヘクタールの団地があり、それが一戸に集約された。その一戸が倒れて公社に持ち込まれ、GSの耕作になったが、その農地に対する担い手からの要望が出て、GSはその半分を放出している。いまのところGSの耕作地でまとまっているのはこの残りの三・五ヘクタールと、平坦地だが未整備でほぼ耕作放棄されていた一・七ヘクタールで、こちらは地主の了承を得て畦畔を取り払い均平にして耕作している。残りは点在である。

図表6で実績が〇五～〇六年には大幅に増大しているが、これは集落営農がらみである。関係する地域は、土手町であり、土手町は、明治初年廃藩置県時の坂田村（その後に明治合併村・出東村に統合）に属する藩政村であり、その下に土手町上、どてまちの二農業集落、自治会にして九つがある。このうち土手町上の三自治会（親和・資生・大和）では、一九八三年に圃場整備を終えた後に新島根方式による補助事業営農組合を作り、機械の共同利用を始めた。農業者だけでなく老人会、婦人会、青年会も参加して地域ぐるみで話し合いをして全戸参加（三七戸）で立ちあげた。一九九六年から大麦の集団転作に取り組み（オペレーター六～七名）、二〇〇二年から経理も一元化した協業型の集落営農になり、二〇〇六年に農家二七戸の全戸参加の特定農業団体「土手町上生産組合」（エリア面積三〇・三ヘクタール、現経営面積二二ヘクタール）となって品目横断的政策に参加することになった。土地利用は水稲一七・七ヘクタール、うち直播一・四ヘクタール、大麦三・一ヘクタール、牧草三ヘクタールである。全

戸が面積に応じて出役する建前だが、出られない農家も二〜三戸いる。水稲・麦の管理作業は地権者に再委託し、その対価は一昨年までは反二〇、〇〇〇円、現在は値下げして一〇、〇〇〇円である。オペレーターは一八名（最高六八歳から四四歳までで五〇代、六〇代が中心）で時給一、四〇〇円→一、二〇〇円（刈り取りオペは一、六〇〇円で変わらず）、補助者もおなじ。経費を差し引いた剰余を全て配分する方式だが、二〇〇六年度は反当五四、一四八円（うち労働割りが二〇、九六一円、面積割りが三三、一八七円）、役員の年報酬は四〜六万円である。

以上、一集落営農の骨組みだけを紹介したが、実は坂田村には四つの営農組合（土手町上のほか、どてまち、農友、碇下）があり、それらの農地が入り組んでいたために、それらが特定農業団体化する際に、公社がこれら四つの営農組合から白紙委任を受けて全農地の利用権を公社に設定してもらい、営農組合単位にまとまるように再配分した。先の公社の〇五〜〇六年の増加分のほとんどはこの再配分に伴うものである。面積の再配分ではなく場所の再配置だが、元との面積差は五アールにとどまったという。

このような公社の再配分機能は、集落営農化に伴う担い手農家の「貸し剥がし」問題にも有効に機能している。すなわち一つは黒目上営農組合（エリア面積二一・六ヘクタール、二二戸）で、そこには営農組合のメンバーでもある三二ヘクタール規模農家S氏の耕作地が五ヘクタールあった。この農地は営農組合に組み入れるとともに、その周辺農地をS氏に斡旋している。そのためにはGSの保有地を種に三〜四戸の農地を動かして調整している。

もう一つは川東営農組合（エリア面積三九・四ヘクタール、三五戸）で、ここもS氏ほか二人の担い手農家とGSの保有地があったが、これも営農組合に回して、白紙委任されていた二〇ヘクタールの農地を回している。

このように公社の中間的農地保有とGSの管理耕作は、引き取り手の少ない周辺部や飛び地を引き受けたり、集落営農の農地をまとめたり、集落営農と担い手農家の競合の緩衝帯として役割をよく果たしているのである。

さて話が前後するが、土手町上の集落営農は今後どうなるのか。実は土手町上の集落営農には隣の「どてまち営農組合」から合併の話が持ち込まれている。土手町上としては自分たちが苦労して作り上げた集落営農に「楽して」参加しようというのはケシカランという反応だが、リーダーは「一本化して法人化かな」と思っている。

前述のように土手町を藩政村、土手町上を農業集落としたが、実のところ定かではない。確かに営農活動やどんど焼き、観音堂の夏祭りは土手町上の単位だが、神楽の保存会、祭は土手町の単位でやっている。先のように営農組合間で農地が入り組んでいるというのも土手町上が「農地の領土」としての農業集落（むら）と言い切れない面をもつ（斐伊川のいわゆる出来洲に形成された新村）。つまり藩政村と農業集落の関係は他地域のようにクリアではない。その意味では土手町という藩政村で一つの集落営農を作り、法人化する意味はあるのではないかとも思われる。

既に法人化した集落営農としては農事組合法人「あかつきファーム今在家」があるが、これも藩政村・今在家を基盤にしている。

第5節　集落営農組織の協同――広島県旧大朝町

1　広島県における集落営農の展開

広島県における集落営農の展開につていては既に報告した(8)。

広島県では県の普及組織と行政の人事交流・連携体制により、県により強力に集落営農の育成がなされている。広島県の中山間地域の集落は小さなものが多く、集落ごとの任意組織としての集落営農の立ち上げには政策対応上も難があるなかで、はじめから法人化を視野に入れた指導がなされている。その点では前述の新潟県の対応に似ている。

このなかで注目されるのは集落営農の近隣への規模拡大・ネットワーク化・合併へのチャレンジである。そのために県内六地域ごとに集落営農の連絡協議会が作られている。いいかえれば本章でテーマとしている行政と農業団体によるワンフロア化が必ずもめざされていないことを示唆する。加えて広島県下は市町村農業公社の展開が早期に見られたところであるが、自治体等の広域合併のなかでとくに作業受託型の公社を始め、見直しがかけられているところでもある。それをまた言い換えれば、一律にワンフロア化をめざすのではなく、地域の状況に応じてシステムが現れてくるということだろう。

そのようななかで、東広島市では集落営農の先頭を切った重兼農場のオペレーターが病気で倒れるといったアクシデントに対して、農業組合法人「さだしげ」が支援にでかけており、そういう取り組みを通じて市全体の集落営農の連携ができないかが話し合われている。世羅町は集落営農が多い地域だが、そこでは集落営農が協同して米屋に「世羅米」を売り込んでいる。

地元における集落営農の連携関係の芽生え、それを地域機関が様々な（必ずしもワンフロア化ではない）取り組み方でつないでいく方式といえる。

2　旧大朝町（北広島町）と大朝農産

旧大朝町では「二〇〇ヘクタール超大規模集落営農（株式会社）の誕生」（二〇〇七年三月）が大きく新聞報道された。既存の集落営農法人と大規模稲作農家等の出資によるネットワーク組織の形成である。その構成員を示したのが**図表7**である。

大朝町の農政部局は二〇〇二年頃から大朝町土地利用型農業振興公社の構想を固めていた。町・農業委員会・旧千代田農協・芸北事務所農林局を運営委員会とし、集落農場型法人と大型稲作農家を構成員とし、これら構成員に対して機械リース、担い手間調整、経営管理等を行う社団法人の設立である。その後、町も四町が合併して北広島町になり、農協も広島北部農協に合併した。そして行政はそれぞれの旧町が思い思いにやっており、北広島町は広島北部農協と広島市農協にまたがることになった。複雑な関係であり、要するにワンフロア化等には遠い状況である。

他方で、旧大朝町は七大字（藩政村）があるが、ほぼ谷・大字ごとに先の集落農場型法人が育ってきた。大朝町の集落営農（集落農場型法人）は、集落と、その集落内外で借地展開している担い手農家との連携型法人であるのが大きな特徴である。担い手農家は集落内の集積農地や自作地は集落営農に組み

図表7　大朝農産の構成員―2007年3月―

単位：戸、ha

区分	名称	大字	関係農家	経営面積
農事組合法人	平田農場	岩戸	21	15.8
	いかだづ	筏津	36	21.8
	鳴滝農場	大朝	19	19.5
	小倉の里	新庄	28	19.5
	天狗の郷	田原	37	21.1
大規模稲作農家	W	筏津	1	18.9
	S	田原	1	12.6
	K	岩戸	1	18.8
	SA	岩戸	1	22.7
	I	大塚	1	9.1
特定農業団体	宮の庄さくら農場	新庄	43	28.5
合計			189	208.3

入れ、集落外の農地は継続耕作しつつ、集落営農のオペレーターとして集落営農を実質的に支え、集落営農が補助金等で導入した大型機械をフルに活用するという連携関係である。具体的には**図表7**の平田農場とK氏、いかだづとW氏、天狗の郷とS氏である。

他方で集落営農がたちあがっていない大字として大塚と宮迫がある。大塚は相対的に規模の大きい農家が多いが、あまりまとまりがみられず（I氏が大朝農産の構成員となっているが同氏は二〇頭飼養の和牛農家）、また宮迫八〇ヘクタールのうち二〇ヘクタールは鳴滝農場が耕作しているが、その鳴滝農場も前のリーダーが死亡し、より高齢の組合長に代わるなどした。

かくして町内は集落・担い手連携型法人の三地域、担い手農家がいない地域ぐるみの集落営農（大朝・鳴滝農場と新庄・宮の庄さくら農場）、そして集落営農の展開がまだみられない大塚・宮迫の二大字に分かれることになる。

谷・大字ごとに集落営農化されたところも、それが大字の全面積をカバーしているわけでは必ずしもない。たとえば岩戸は、平田農場が三集落をカバーし、残り二集落は大型農家であるSA氏が借地展開しているが、SA氏は集落営農化すると自分の好きなようにやれないという考え方であり、大字としてのまとまりは課題として残されている。

また連携型法人も問題を残している。すなわち集落営農と自分の経営のどちらの作業を優先するかで大規模農家の間には考え方に差がある。

このような課題を残しながらも谷・大字単位へのまとまりの拠点形成がなされつつある。また、いろいろな考えの違いはありつつも、担い手農家同士はエリア的に競合しないこともあり仲がよい。転作受託としての大豆生産組合（K氏が組合長）、飼料稲生産組合（W氏が組合長）が二〇〇一年から組織化され、活動しているからである。

これらの集落型法人や担い手農家が品目横断的政策をにらみながら、転作受託を行うネットワーク組織として立ちあげたのが大朝農産であり、必ずしも集落営農的な志向をしていない担い手農家のSA氏やI氏も参加している。先の転作組合は任意組織なので政策に乗るには法人化が必要だったこともある。出資は一株一〇万円で八六株発行し、法人と担い手農家が引き受けた。地域としては農協にも出資を申し入れたが、二〇〇七年夏の調査時点では回答を得られていなかった。大朝農産の構成員が経営する面積は二〇〇ヘクタールに及び町の四割を集積したことになる。

大朝農産の業務は、第一に前述の任意組織が取り組んでいた転作作業である。お互いに作業の応援をしようということで、前述のように法人間にも労働力的に差があるなかでこれを稲作等にも拡大することが期待されている。第二にエコファーマーの資格をとったこだわり米の販売（二〇〇七年は全部で一五ヘクタール栽培）の窓口機能である。第三にそれとの関わりで資材の共同購入もしている。大口を一五％引きする業者もいるなかで、農協も五％引きしており、それを一〇％まで引くように要求している。

さらに今後の課題として、第四に新規就農者の受け入れがある。とりあえずオペレーター二〇名を登録しているが、労力的に苦しくなってきた集落農場もあり、大朝農産が一種の人材バンクとして労働力の補完・調整もしたい。第五は初心でもある土地利用調整機能である。役員レベルでは大朝農産に利用権を設定することの合意はできているが、やはり地元に帰ると地権者の理解を得られるかは不安で、今のところそこまではいっていない。しかし前述のように町の農地の四割を集積したとなると、残りの農地にも責任がでてくる。たとえば三ヘクタール以上の農地をまとめた場合は大朝農産が斡旋する、相手がみつからない場合は自ら引き受けるといったことをしたい。

こうして二〇〇二年の農業振興公社の構想は、大朝農産という違った形で継続追求されている（自ら営農しつつ調整することの困難が予想されるが）。

第6節　まとめに代えて

1　到達点と新たな問題

本章では、地域自らが地域農業の支援システムを作り出そうとする動きとその背景をみてきた。国の制度や政策の動向と絡みながらではあるが、自治体や農業団体がトップを先頭に戦略意思の統一を図り、貴重な人的政策資源を協働させる仕組みを作ってきた。広域合併や地方財政危機、農協の経営危機を踏まえ、そのなかでなお活路を拓こうと思えば、このような協働システムの形成は必然的だった。

しかし必然性はどの地域にもあったとしても、全ての地域が取り組んだわけではない。とくに新たな財政支出を伴う農業公社は一五〇前後に限られたが、ワンフロア化の動きはかなり広範にみられるようになり、なかには地域農業支援センターの形を整えた地域もある。ともあれ、やる気のある地域、戦略意思の統一ができた地域のみが自主的に取り組んだのがこの動きの最大の特徴である。

しかるに、作りはしたものの、自らの独自機能を明確化し、その実績を上げるには困難も多く、とくに他地域のまねをして立ちあげたところではそうである。また後述するようにワンフロア化を果たしたうえで、農協が独自の展開をみせる地域もある。

このような地域からの動きに対して、国も三位一体「改革」との関連で、担い手育成総合支援協議会、地域水田農業推進協議会等の「協議会」を国の縦割り農政のセクションごとに林立させ、そこに助成金を流すようになった。そのまま従えば市町村は協議会倒れしかねないので、それを避けるためにワンフロア化で協議会事務局の一本化を図ったりしている。まさに「中央分権・地方集権」を地で行く動きだが、このような動きを奇貨として、国は「担い手協」を中心に諸協議会を束ねて一本化・法人化させ、地域に一つだけの農地利用集積円滑化団体に仕立て上げようとしているかにも見える。そうなれば全市町村一律に官製「ワンフロア化」を推し進めることになり、地域が育んだ芽を国がつみ取って官製化・画一化する伝統的な農政パターンが繰り返されることになる。

そういうなかで、地域は、何をもって新たな農地利用集積円滑化団体とするのかという新たな課題に直面させられる。既に市町村農業公社やワンフロア化組織を立ち上げた地域ほど、それと国の「担い手協」中心方式との調整をどう図るのかなど面倒な課題に直面させられる。今後は市町村段階での農地保有合理化事業は廃止され、農地利用集積円滑化事業に一元化されることになった。それに伴い市町村農業公社は廃止されるか、存続させるのであれば常識的には円滑化団体にせざるを得ない。その他のワンフロア化組織の場合、円滑化団体とは別に今後とも集落営農化等の支援を続けることになるのか、新たな円滑化団体に統合されるか、ということになろう。

いずれにせよ本来であれば自発的・先進的に取り組んできた地域こそ政策的にも支援されるべきであるが、国がやろうとしていることは、やる気のある地域もない地域も一緒にした全国一律方式であり、もっと言えば自主的に先行した地域に困難を押しつけることであり、地方分権の大勢や自由競争の新自由主義の風潮にさえ反する旧態依然たる行政方式といえる。

2　支援システムの地域性

歴史的にみると市町村農業公社は、まず中山間地域における地域農業振興、地域農業の受け皿作りから始まり、徐々に里に降りてきて農地保有合理化事業を担うようになってきた。合理化事業が活性に機能するのは、農地の流動化が進み、個別の担い手経営がある程度の層をなしていて、そこに農地の集積が見込まれる地域だといえよう。

それに対して、個別の担い手が層を成しておらず、地域農業を集落営農的にみんなで支えていかなければならない地域では、合理化事業の展開ではなく、集落営農の育成やその法人化が主たる課題になる。そのために自治体と農協等が協働で地域の意向を慎重に把握しながら組織化を支援していくことになる。しかしワンフロア化という任意組織は、これまで農地の権利関係に踏み込む仕事にはタッチしてこなかったといえる。

つまり支援システムとしては、個別経営を中心に地域農業の再編が進む地域では市町村農業公社の合理化事業、みんなで集落営農に取り組む地域ではワンフロア化が有効だと整理できる。

市町村公社のなかには集落営農の育成を目的に掲げるものもあるが、主流は合理化事業になりつつある。しかし以上の地域分化は一つの単純化であり、現実には個別の担い手経営と集落営農が混在する地域も多い。そういうところでは斐川町農業公社に典型的なように、公社が集落営農の組織化自体に取り組むわけではないが、集落営農間、集落営農と個別経営の土地利用調整に大きな力を発揮することはありえる。

一応このように整理されるが、前項で述べたような円滑化団体の帰属の如何によっては以上のように地域的棲み分けも乱れることになる。

3　集落営農とワンフロア化

地域における担い手育成の課題は端的にいって品目横断的経営安定対策の対象となるための集落営農の育成だった。ところが前述のように、ある程度まで個別の農業経営体が成長しているところでは、面的な集落営農の形成には困難が大きく、改めて地域農業の担い手をどのように考えるのかが問われる。端的にいって個別の担い手経営中心でいくのか、集落営農で行くのか、両者の棲み分けを図るのかである。

しかるに品目横断的政策が一定の要件を満たす集落営農のみを政策対象とすることにより、大きな歪みをもたらした。第一に、地域農業の担い手をじっくり考えるべき時に全国一律に集落営農への傾斜をもたらすことになった。第二に、その集落営農の面積・法人要件等は徐々に緩和され、最後には出荷名義・（一部）経理一元化という形式要件だけが残ったといっても過言ではない。政策が政策対象を選別・限定する時、より多くの地域農家をその政策対象にするべく、その方便として集落営農の形式要件を満たそうと割り切ることは地域の責任ではない。しかしそれは本来の協業体としての集落営農の概念を著しく歪め、地域農業の担い手としての集落営農の育成を阻害することになる。

ともあれ、このような「ペーパー集落営農」であれば、農協が単独でできる仕事である。むしろ短期間に単独で取り組んだ方が調整労力がかからないだけ効率的である。結論的にいって「ペーパー集落営農でよし」とした地域は新たに地域農業支援システムの形成には至らなかったといえる。

それに対して協業集落営農化をめざした地域は何らかの新たな地域農業支援システムを模索しているといえよう。

しからばペーパー集落営農地域にはそのような新たな地域農業支援システムは必要ないのかといえば決してそうではない。経理一元化だけの、経理一元化どまりのペーパー集落営農では何ら協業メリットを発揮できないし、担い手育成や構造変革たりえないからである。のみならず酒田市のアンケート調査に異口同音に述べられているように個別の担い手育成というもう一つの構造政策の強力な阻害要因になる。とすればペーパー集落営農を出発点として協業集落営農に前進する努力、個別の担い手との間の土地利用調整・連携とそれへの支援が必要になり、そのためには新たな地域農業支援システム、ワンフロア化が必要になるといえる。

このように新たな地域農業支援システムが求められるとして、それが恒久化するのか、それともやはり品目横断的経営安定対策という一時代の過渡的な現象に終わるのかが次に問われる。そもそもワンフロア化は農業公社と異なり、条例マターではなく、トップの決断ひとつで可能であり、また特段の予算措置を必要とするものでもない。その点で機動的に作れると同時に機動的に撤収しうる、身軽な組織だといえる。その意味でも一過的なものに終わる可能性は高い。また必要に応じて作ればよいと言うことになるし、そのために反目、対立、失敗といったトラウマを残さずに消えることが明日のためかも知れない。

他方で、ペーパー集落営農から協業集落営農へ、そして法人化へ、さらに組織統合・広域化へというさらなる道を追求するとすれば、そう簡単に任務が終わるものでもないといえる。いずれにせよ何のためのワンフロア化か、地域の農業の担い手をどう育成するのかという強固な地域の戦略意思と合意があって初めて実現し機能するものだといえる。円滑化団体の一律設立が、このような地域の自発的な動きをスポイルすることのないことがくりかえし望まれる。

4　ワンフロア化の諸形態

本章では農業公社も広義のワンフロア化の一形態と捉えるが、以下では農業公社を除くワンフロア化を狭義のワンフロア化としてみていきたい。そのようなワンフロア化の事例として本章では上越市と上伊那地域のそれをとりあげた。その実態をみると、どちらかといえば行政主導的といえる。自治体側が地域農業把握力に欠けることを強く自覚して、その点で農家との接点をより多くもつ農協側に呼び掛けた面が強い。とくに上越市の場合は、国農政の担い手育成総合支援協議会の器を利用し、そこに農協の中堅職員や普及組織が協力職員として加わる形をとった。

ともあれワンフロア化で集落営農の育成に協働してきたわけだが、やはり自治体と農業団体の相違は残り、地域農業支援システムが一元化されたわけでは必ずしもなく、上越市の場合、農協は独自に農業生産法人・アグリパートナーを立ち上げ、集落営農化から漏れる地域・農家を経営所得安定対策の対象に拾い上げる工夫をしている。組合員平等という農協の立場からすれば、より多くの農家に政策対象への道を拓くことは当然とも言える。欲をいえば二つの流れが統合されて初めて真のワンフロア化といえるが、実態的には両者は暗黙のうちに棲み分け・補完関係にあるといえる。

このような動きは他地域で見られる。例えば出雲市では二一世紀出雲農業支援センターが精力的に農作業受託組織、特定農業団体の育成とその法人化に取り組んできたが⑼、ここにきて農協は株式会社形態の農業生産法人・JAいずもアグリ開発を立ち上げ、耕作放棄地対策、もうかる農業の実践モデルづくり、後継者育成等に取り組むとしている。

また上伊那地域でも農協は前述のように株式会社・JA菜園を立ち上げ、畑作振興としての野菜作にチャレンジしている。

ワンフロア化はあくまで任意組織であって自ら事業に取り組むことはできないが、農協はJA出資型法人を立ち上げて事業面から地域農業支援にのりだそうとしているわけである。それは競合ではなく相互補完的な動きととりたい。今後は、このようなソフト、ハード両面からの取り組みをうまくかみ合わせることが課題になる。

さて上伊那地域で一九八〇年代から飯島町をかわきりに始まるワンフロア化の特徴は、第一に行政主体で企画立案協議のワンフロア化としての「営農センター」（振興センター）を立ちあげる。センターは指導機関のみでなく地域農業者等の幅広い関係者を構成メンバーとする。いわば政策対象としての農業者から政策参画主体としての農業者への転換である。

第二に、行政単位のセンター化だけでなく、実行部隊としての「地区センター」を設立する。問題は「地区」の取り方で、それは各自治体の歴史的なり立ちや実情に応じて、飯島町は藩政村、駒ヶ根市は明治合併村、伊那市は農協支所が選択された。いずれにしても行政と農協というトップの連携だけでなく、農協支所等の単位における実行部隊の組織化が要である。

飯島町に明確だが、営農センターは役場内におかれ農業振興課が主体だが、地区営農センターは農協支所に置かれ、活動も農協主体である。地域に足場がない行政が農協を手足として活用しているともいえるし、行政は名をとり農協は実をとったともいえる。要するに単純な横並びの「ワンフロア化」ではなく、そういう立体交差的な分業関係の構築である。

このような展開を可能にした条件としては、第一に、上伊那地域は今回の平成合併において伊那市が高遠町、長谷村と合併したのを除けば、合併は行われておらず、「村」も残っている。このような条件はそれぞれの地域の実情に応じて地域農政を追求する上でプラスに作用したといえよう。

第二に、自治体は合併はしないが上伊那地域としての一体性は強い。合併しなかったのは農村工業化等で財政事情に多少ともゆとりがあった点もあろうが、このような旧郡としての一体性があり、特段に合併の必要等を感じなかった点もあろう。

第三に、前述のように農協の果たす役割が大きい。農協は上伊那郡で合併したが、当初の統合方式を修正し、支所単位に分権化を図り、支所には本所等で鍛えられた問題意識の高い営農課長が配置され、地区センターの要になった。また農協ＯＢが様々な名目でセンター等の組織の要所に入り込み、農協の考える営農方向を継続追求することに貢献した。

多くの地域のワンフロア化、地域農業支援センター化が自治体規模一本で設立されるのに対して、上伊那ではさらにその下に歴史的に形成されてきた、藩政村、明治合併村、農協支所等を範域とする「地区センター」を設けて、行政単位のように広すぎもせず、農業集落単位のように狭すぎもせずの対応をとったのが特徴だと言えよう。

5　農業公社の面的集積機能

農地制度「改革」により、前述のように、今後は市町村段階の農地流動化は新たな農地利用集積円滑化団体が一元的に担っていくことになる。そのような画一化が果たして現実に即したものかについて本章は繰り返し疑問を呈してきたが、制度が変えられる以上はそれに合わせていくしかなく、市町村農業公社の存続を地域が望む限りは円滑化事業の実施主体になっていくことになろう。そのうえで問題は、第一に、農業公社自体の活性化なり刷新であり、第二に、いかなる組織が担うにせよ、面的集積機能を果たすためにはいかなる仕組みが必要かである。

第一の点からみていこう。公社方式はハードな方式であるだけに任務を硬直化させると地域のニーズの変化に対応できず、不要視されることになりかねない。公社が常に地域から必要とされるためには地域ニーズに敏感に対応し、機能シフトしていく必要がある。それはたんに公社の自己展開ではなく、地域の農家なかんずく担い手農家、さらには地域住民との絶えざる双方的な情報交換に基づく必要がある。

また担当職員の質も問題である。行政や農協の職員が短期の人事異動を繰り返すなかで地域への精通性を欠くなかで、公社方式は専門職員を育成する一つの方式でありうるが、人事を固定化すればスペシャリストが自動的に育成されるわけではなく、かえってマンネリ化して停滞をうむ可能性もある。農地のスペシャリスト養成をどうするかが自治体・農協・公社の共通課題として強く意識される必要がある。

このような時代による機能力点のシフトがあるとしても、公社はやはり農地流動化・面的集積機能がベースにすわる必要がある。その点で、公社間には事業の扱い量に大きな差がありうる。その差は公社の主体的努力による部分もあろうが、それ以上に地域の農業構造に規定されている。どうがんばろうと手を抜こうと出てくる農地は出てくるし、出てこないものは出てこない。その意味で利用権合理化に実績をあげている公社もそれだけでは評価できない。きつい言い方をすれば当たり前であり、実績があがらないのがおかしいのである。ということはやはり流動化の内容・質が問われるわけで、面的集積の実をあげることが問われる。

同時に面的集積もまた地域の農業構造に規定される。斐川町のように担い手がある程度特定され、そのエリア分担が自ずとできあがりつつあるところは面的集積も進みやすいが、地権者の家産に対する愛着がなお強い自作農意識の地域では簡単ではなく、無理をした面的集積はリバウンドの可能性をもつ。

以上では、地域農業のニーズに即した機能シフトの必要性を指摘したが、ここにきて大きな問題が生じた。それは二〇〇九年末からの新たな公益法人制度の発足である。新たな公益法人はその公益性を厳しく問われるとともに、公益法人に認められれば税制上の優遇措置を受けられる。市町村公社としては税制上の問題もさることながら、地域に必要とされる公社たることを実証するには新たな「公益性」のクリアが欠かせない。その基準は「不特定かつ多数の者の利益の増進に寄与する」ことにおかれ、「受益の機会の公開」がポイントになる。「公開」とは誰でもみんなに開かれているという意味であり、公益性とともに公共性に係る概念になる。その点で特定者の私益に係る農作業・農業経営受託のような「営利」事業は公益性・公開性から外れることになろう。

他方で、そのような行為は「農業の多面的機能」の維持という公益性を併せ持っている。とくに条件不利地域の耕作放棄されかねない農地の維持などは公益性が高いと言える。公社は一方では独立採算性、収益性を問われるとともに、他方では公益性を問われることになる。農業・農村に係る「公益性」「公共性」の実態に即した概念深化が求められる（なお新政権では公益法人の廃止論まで出ている）。

次に第二の点であるが、本章では農業公社もまた新たな地域農業支援システム、ワンフロア化の一つの試みと位置づけたが、新たなシステムの最大の課題としての集落営農についていては、公社のメインの仕事には位置づけられていないようである。そこに利用権合理化を核とした農業公社の限界があるともいえるが、少ないスタッフで何もかもできるわけではない。むしろ利用権合理化の固有の面的集積機能を集落営農の育成にも活かす道が求められる。そのような実践の実をあげたのが斐川町公社である。

斐川町公社がそのような機能を担い得たのは、同公社が農地保有合理化事業本来の中間的農地保有の機能を果たし得たからである。しかもそれは公社単独では果たせず、中間的保有農地を管理耕作する主体としての有限会社・グリーンサポートを随伴しえたからである。もちろん公社本体が管理耕作する手もありうるが、多様な展開可能性を考えれば、それ自体が一つの担い手としての経営体としての受け皿がより望ましいだろう。真の白紙委任・面的集積・土地利用調整は中間的農地保有の機能なしには実効性を欠くことを斐川町公社の実践はいかんなく示しているといえる。

前述のように一方での従来の市町村合理化法人の廃止、円滑化団体への一元化、他方での新たな公益法人化という二重課題に市町村農業公社は直面している。そのなかで従来の農地保有合理化事業が有していた転貸借・中間的農地保有を通じる面的集積の機能をいかに継承発展できるかが課題になる。制度的には市町村基本構想に位置付ければ転貸借事業の継続は可能であり、その発展が望まれる。

なお農水省が言う面的集積とは、新たに貸しに出される農地を面的に集積することではなく、「同一の認定農業者等によって経営されている農地の面積が一ヘクタール（北海道では一・五ヘクタール）以上のまとまりを構成している農地」のことを指す。要するに認定農業者等が例えば九〇アールの団地を耕作している場合に一〇アール借り足せれば「面的集積」ということになる。なんてことはない、昔からの田隣りの借り足し、買い足しのことなのである。これであれば特段に転貸借・中間的農地保有を必要とすることもない。しかしそれで真に面的集積が果たせたと言えるのかが問題である。

６　相互支援へ

以上、「支援する」側の支援システムについてまとめてきた。それに対して最後に見た広島県はワンフロア化を必ずしもステップしない事例である。しかし大朝農産の動きや志向は、集落、農業者自らが地域農業支援システムを構築しようとする事例として貴重である。それを可能にしたのは中山間地域に残されたごく一握りの担い手農家（多くの中山間地域はそのような担い手を欠いている）と集落との連携関係だろう。

東北等の平場農村では担い手が点在するためになかなか集落営農にはいかなかった。そのような地域も含めて今後の集落営農の展開方向としては、集落・担い手連携型のそれが考えられるし、さらにその合併・統合という展開方向が考えられよう。そしてそのような展開は行政や農協といった「支援する」側からの働きかけだけではどうにもならず、集落や担い手が相互に「支援する」ことが必要だろう。

注

（1）拙著『集落営農と農業生産法人』筑波書房、二〇〇六年、同『この国のかたちと農業』筑波書房、二〇〇七年。大隈満「地域における行政と農協の協働体制の構築」村田武編著『地域発・日本農業の再構築』筑波書房、二〇〇八年。

（2）小田切徳美「公社・第三セクターと自治体農政」小池恒男編『日本農業の展開と自治体農政の役割』家の光協会、一九九八年。

（3）加藤榮一『現代資本主義と福祉国家』ミネルヴァ書房、二〇〇六年、第9章。

（4）五所川原市農業委員会編『五所川原農業活力推進計画及びアンケート・ヒアリング調査報告』二〇〇八年。

（5）拙著『この国のかたちと農業』（前掲）、第Ⅲ章。

（6）金子勝『金子勝の食から立て直す旅』岩波書店、二〇〇七年、第2章。

（7）斐川町公社については村山元展『地方分権と自治体農政』日本経済評論社、二〇〇六年、第5章。

（8）広島県と大朝町の集落営農については拙稿「集落営農と個別経営の連携型法人化」拙編著『日本農業の主体形成』筑波書房、二〇〇四年。

（9）拙著『集落営農と農業生産法人』（前掲）第4章。

第5章　集落営農組織――長野県の事例

はじめに

拙著『集落営農と農業生産法人』（筑波書房、二〇〇六年）では、各農業地域における事例紹介をしたが、いくつのかの地域は取りこぼした。その一つが東山地域なかんずく長野県だった。同地域の集落営農についてはは寡聞にして情報に乏しかった。そのこともあり、知見の補充に努めてきたが、結果的に長野の集落営農の取組みと組織形態は豊富であり、一つの農業地域をとって諸形態を観察するにふさわしいことが分かった。前著の後も各地域の集落営農に接してきたが、本章では長野県に絞って報告することにする。調査は二〇〇八～〇九年であり、年齢等も当時のものである。

長野県はもともと農業構造の点でいくつかの特徴をもっている。

第一はその世帯世代構造である。**図表1**にみるように、長野県は三世代世帯の割合は西日本並みに低

**図表1　農家世帯の世代構成別割合
—2000年、総農家—**

単位：%

	1世代世帯	2世代世帯	3世代等世帯
全　国	19.9	43.4	36.7
東　北	13.5	42.2	44.3
北　陸	14.8	43.0	42.2
北関東	13.9	45.1	41.1
南関東	13.5	46.2	40.3
東　山	21.8	47.9	30.3
長野県	21.3	47.8	30.9
東　海	14.4	43.9	41.7
近　畿	19.0	45.5	35.6
山　陰	21.1	41.3	37.7
山　陽	30.5	39.6	29.9
四　国	27.2	40.8	32.1
九　州	29.4	42.7	27.9
沖　縄	36.5	49.6	13.9

注：2000年農林業センサスによる。

く、その意味で「いえの崩壊」が進んでいるが、他方で一世代世帯の割合は東日本よりはかなり高いものの、中四国以西に比べればまだ低い。その結果、二世代世帯の割合が沖縄とならび全国トップになる。つまり「いえ」は崩れつつあるが、まだ一世代世帯化はせず、なお二世代世帯にとどまっている。二世代世帯は夫婦と未婚の子供という相対的に若い世代と、親と世帯主夫婦という高年齢世帯の二つがありうるが、長野県は恐らく後者だと推測される。

農家人口に占める六五歳以上の割合は全国二八%に対して長野県は三〇%と大差ないが、基幹的農業従事者に占める六五歳以上の割合は全国五七%に対して県は六四%と高くなり、西日本的な水準である。

第二に、主副業別の農家割合をみると（二〇〇五年）、主業一一%（都府県平均一四%）、準主業一四%（一六%）、副業的三四%（三九%）、自給的四一%（三一%）となる。自給的農家の割合が都府県平均に対して一一ポイント高になるのが特徴である。戦前からの零細農耕地帯や高度成長期以降の農村工業化地帯を抱える結果であろう。

他方で長野県の認定農業者の構成をみると（二〇〇五年）、果樹二四%、野菜二三%、工芸一〇%、花卉九%、畜産七%で、稲作・雑穀の土地利用型は一六%、複合その他一〇%を含めても四分の一に過

図表２　販売農家に占める貸付農家等の割合

単位：％

	2000年		2005年	
	全国	長野県	全国	長野県
貸付地がある農家	16.7	23.5	18.2	24.6
耕作放棄地がある農家	25.2	32.0	26.4	30.7
水稲収穫作業委託農家	19.7	26.7	21.5	28.4
生産組織への参加農家	14.8	16.1	15.2	16.8

注：各年農業センサスによる。

ぎない。長野県は販売額全国一位の作目が一〇〇品目以上あるとされるが、それだけ多様な集約的作目の展開をみているといえる。

要するに、一方で自給的農家が堆積するが、他方で「担い手」農家は集約作に集中し、土地利用型農業の担い手に乏しい。これは恐らく県内地域差を伴っているだろう。零細農家が多く農村工業化の著しい南信・伊那地域はとくに自給的農家が多い。

第三に、販売農家に占める外部依存等農家の割合をみると**図表2**の如くである。いずれをとってみても長野県の割合は全国平均より高いが、そのなかで作業委託農家の割合が相対的に高い。他方で生産組織への参加農家の割合は全国平均と大差ない。先の第一、第二の特徴と重ね合わせると、二世代世帯に留まっているが故に、高齢化しても機械作業委託で何とか「自家農業」を維持しているし、農地を貸そうとしても専業的農家は集約作に忙しく、受け手農家に乏しいと思われる。

前述のように長野県は参加農家率の点からみると生産組織の存在が全国以上に多いわけではない。しかしその内訳を**図表3**にみると、作業受託組織が多い（JA長野県営農センター資料）。これは以上の農業構造の反映とも言える。

長野県は位置的には東日本に属するが、農家構成の点では明らかに西日

図表３　長野県の集落営農組織（　）内は1組織当たり数
—2008年—

	法人化された組織	特定農業団体	作業受託組織	計
組織数	40	22	58	120
構成戸数（戸）	2,191（55）	4,643（211）	6,320（109）	13,154（109）
経営規模（ha）	1,867（47）	1,529（70）	3,348（57）	6,744（56）

本的な特徴をもちつつ完全に西日本化し切っておらず、二世代世帯と作業委託の多さをもって特徴づけられる。このような地域にあっては、地域に残された細切れ的な労働力を掻き集めてでも何とか地域・協業の力で「自作農」の形を維持したいという意向が強い。

長野県の集落営農の展開の背景にはおよそこのような事情がある。とくに農協系統はＪＡ長野県営農センターの下、前章でみたように各単協が自治体と組んで経営安定対策対応としての集落営農化に力を入れている。

同センターの全集落営農組織に対するアンケート調査によると（**図表3**、二〇〇八年五月、配布二七六で回収率九六％、長野県農協地域開発機構の資料による）、地域的には南信（伊那市、ＪＡ上伊那等）五〇％、中信（松本市・大町市、ＪＡ松本ハイランド・あづみ・大北等）三三％、北信（長野市・飯山市、ＪＡながの・北信州みゆき等）一三％の分布で、伊那地域が半数を占める。

設立年次は、二〇〇六年二九％、二〇〇七年以降二一％、二〇〇〇〜〇五年一六％、一九八〇年代一二％、九〇年代九％であり、半数は経営安定対策がらみといえるが、歴史のある組織もみられる。

構成集落数別には一集落三六％、二〜三集落一一％、四〜九集落二三％、一〇集落以上一二％、不明一八％で、一集落は三分の一にとどまり、複数集落なかんずく多数集落によるものが相対的に多い点が注目される。構成員別には三〇〜四九名が一七％、五〇～九九名が一六％、二〇〇名以上が一五％で、平均は一〇二名である。ここからも比較的中大規模のものが多いことがうかがわれる。経営面積は三〇～五〇ヘクタールが二三％、五〇～一〇〇ヘクタールが一八％、一〇〇ヘクタール以上も一〇％ある。平均面積は四九ヘクタールでやや大きめである。

二〇〇七年度の決算状況は、「交付金等がなしでも黒字」二五％、「交付金等を加えると黒字」五八％、「交付金等を加えても赤字」一八％であり、交付金依存的である。経営安定対策加入の従事分量配当を実施している一〇法人（実施していない一五法人）の経営実態は、総収入三、六〇五（五、五〇六）万円、売上高二、〇五一（三、九五五）万円、営業利益△一四九（△一、〇九〇）万円、営業外収益一、五一九（一、四五五）万円、当期純収益一、二七〇（△二二）万円である。収益を従事分量配当してしまわない（経営収支を事後的に調整しない）、より本格的な組織にあっては、農業からの営業利益を事業外収益なかんずく交付金・補助金で補てんしてかろうじて経営存続している状況にある。

収支改善のために取り組みたいことでは「経営面積拡大」が三九％、「希望する支援」では「機械の集約・更新のための助成」が四五％で、それぞれ群を抜いている。

以下では、任意組織、農事組合法人、有限会社の順に事例紹介していく。概ね組織としての成熟度順とみてよい。事例紹介のポイントは、①成立の経過（過去の協同経験、設立支援）、②展開エリア（農業集落、藩政村、明治合併村等）、③作目や経営収支、収益配分、政策対応、交付金依存度、④リーダーの性格、女性の位置付け、地域との関わり、今後の展開等である。

第1節　特定農業団体・農作業受託組織――安曇野市の集落営農

1　小田田井農村夢倶楽部（特定農業団体）

中信地域のＪＡあづみ管内は比較的に特定農業団体や農作業受託組織といった任意組織が多い。前述の中央会がまとめた資料では、三つの農業生産法人、八つの特定農業団体、一一の農作業受託組織がカウントされている。そのうち三つをとりあげる。

まず同倶楽部は、旧堀金村の藩政村・三田村の小田田井（こだたい）集落を基盤とした組織である。集落の総戸数は一〇〇戸、うち農家は六〇戸程度である。集落はしっかりとしており、区長、地区公民館長、営農組合長等の役職の下に老人クラブ、子ども育成会、社会部、体育部、文化部、女性部等がある。とくに老人クラブと育成会で交流花壇を作り、東金市と子どもの交流会を行い、ソバ打ち体験等をしている。農協理事、農業委員が各一名いる。

集落の農業組織は二つ、二重になっている。

集落は一九八〇年頃に三〇アール区画の圃場整備に取組み、その際に**機械利用組合**が設立された。利用組合は転作麦の受託をするとともに、麦跡にソバを植えたり、加工トマト、スイートコーンにも取り組んだ。加工トマト用にトラクターが導入され、水稲の作業受託もした。メンバーは現年齢が八〇歳、七九歳、七〇歳、五八歳、四六歳（農協職員）の五名で、全員がオペレータを務めた。認定農業者は集落で二名だが、うち一名が組合に参加している。ソバは地元のソバ屋に販売している。

この機械利用組合が二〇〇四年に**農事組合法人・小田田井生産組合**になった。法人化の理由は作業委託から賃貸借への移行の話がでてきたためだ。個人で受ける人がいないという下で法人化して借入することにした。現在は計八戸から四・六ヘクタールを借りて、うち三・一ヘクタールに水稲を作っている。その他に水稲の作業受託三ヘクタールほどしている。

このように法人化は品目横断的政策とは関係なしにたちあげられたわけだが、そこに同政策の話が始まった。それを受けて二〇〇七年三月に小田田井地区の農用地利用改善団体と**特定農業団体・小田田井農村夢倶楽部**が設立された。

集落の転作麦の栽培は生産組合が委託を受ける形で行っており、品目横断的政策に対応できるが、問題は米であり、それが直接のきっかけとなって倶楽部が設立された。構成員は四二名、出資金は一〇アール五、〇〇〇円で一一〇万円になった。集落の農家戸数は前述のように六〇戸程度なので全戸参加ではないが、非参加者は飯米農家や既に貸し付けている土地持ち非農家が主で、大きな農家はいない。

「転作は生産組合に任せてもいいが、米は任せられない、自分で作りたい」というのが設立の背景だが、それだけではなく生産組合も前述のように高齢化しており、耳も遠くなり、腰も曲がってきたということで、全てを任せられるわけでもなく、逆にいずれ生産組合の受け皿が必要になる。そこで五年後の法人化含みで倶楽部を作り、オペレーターも生産組合以外に拡げたい意向である。倶楽部が法人化した暁には生産組合を吸収・統合することになるのだろうか。

現状では水稲の作業は生産組合と個別の農家で行っている。倶楽部は米の販売の一元化、作業料金、土壌改良材の経理一元化を行い、肥料農薬等の資材費は個別対応になっている。また転作麦も二〇〇八年から倶楽部の経理に移行させた。

倶楽部としては、品目横断的政策へは米が二五ヘクタール、麦七・八ヘクタールの参加になる。二〇〇七年度の品目横断的政策の交付金は、麦の緑ゲタ（過去実績支払い）二五一万円、麦の黄ゲタ（生産量・品質支払い）一三五万円で、組合員には米出荷代金から制度加入経費・春作業料金、カントリー利用料、出荷経費を差し引いたものが出来高払い方式で配分されている。

二〇〇八年度の予算でみると、交付金は、麦の緑ゲタ二五一万円、黄ゲタ九五万円、米のナラシ一〇〇万円（価格次第）、産地づくり交付金二六〇万円が計上され、収入の二割を占めることになっている。遊休農地が発生したため、倶楽部がその復元整地作業を行い、女性部が八アールについて黒豆を栽培し、農協と堀金物産センターで販売している。金額は一〇万円足らずで収支トントンだが、女性の活動で遊休地ゼロにしているのは評価される。

2　久保田協働農村倶楽部（農作業受託組織）

旧穂高町西穂高村の久保田集落を基盤にした集落営農である。久保田は三〇〇戸、一、〇〇〇人近い集落になっているが、農家は八七戸、七七ヘクタールである。久保田集落は観光地からは少し離れているが、工場や建売住宅など都市化、混住化が進み人口が増大している。

久保田は昭和三〇年代に桑畑を開田して養蚕から水稲に転じた地域である。それぞれで開田組合を作り井戸を掘って開田した。久保田には開田組合が五つあり、今日も水路管理のために存在している。区画は一〇アール程度でその後の圃場整備をしたことはなく、今後もあまり期待できない。勾配があり排水はよいが、石が多く、漏水もある。

久保田では農家組合は隣組単位ぐらいに分かれて四つあり、それを束ねた久保田集落としての農家組合長はいない。いわば自主的に農業関係をまとめる組織がなく、農協総代六名を通じて農協が主導している。前述のように圃場条件も悪く、生産調整も各自が不便な田んぼを当てるバラ転の調整水田として消化していた。それに対して二〇〇一年に麦作関係の補助金をもらうために一五戸の参加で**久保田集落営農組合**を設立し、Mさん（五四歳）が中心となって播種と収穫の作業受託一五ヘクタール程度をしていた。これが現在の倶楽部の前身である。

二〇〇五年末あたりから品目横断的政策の話が農協から持ち込まれた。麦の交付金も切られるし、品目横断的政策にのるには一五ヘクタールでは基準をクリアできないということで、組合の幹部が中心となって麦を作っていない農家にも呼び掛けることにした。そこには麦作受託を一手に引き受けていたMさんの意向が強く働いた。Mさんとしては、受託面積が大きくなる一方、子どもは大学工学部を出て他出しており跡を継ぐかわからないというなかで、自分が先頭にたつ気はないが、みんなが組合を作って取り組むということであれば自分も仲間に入るという意向だった。設立にあたっては、「誘いがなかった」といわれるとまずいので回覧板を二回まわしたが、参加はそれぞれの意思に任せた。強いて勧めても責任がもてないし、「組合を作りたい人だけの集まり」にした。

こうして二〇〇六年九月に任意組織の**久保田協働農村倶楽部**をたちあげた。結果的に四一戸、四六・七ヘクタールの参加となった。集落のほぼ半分である。集落にはMさんのほかに三戸の認定農業者がいるが、それぞれ「個性の強い人」で倶楽部参加はMさんだけだった。従って倶楽部があまり大きくなっても「貸し剥がし」になりかねず、担い手を圧迫するので、「棲み分け」を図った結果が集落の半分の組織となったという。

その他の不参加農家の大半は二〇〜三〇アールの零細農家や既に貸し付けている農家とみられる。組合は参加自由としたためか毎年の加入脱退が結構あるが、現在は計画が軌道に乗るまでの間は新規加入を見合わせている。

倶楽部の作付は水稲三〇ヘクタール、小麦・大麦各八ヘクタール、残りが自家用野菜等である。オペレーターとしては先のMさん夫妻（ともに五四歳）、Nさん（六一歳、農協OB）、Uさん（五九歳、農協OB）、Yさん（四九歳、保険代理店）である。このうち麦作の播種と収穫作業は集落営農組合当時から引き続きMさん夫妻が担当するが、他の作業は基本的に組合員が自分で行うことにしており、オペレーターがあまり担当することはない。すなわち作業困難になった農家は他の組合員農家に利用権設定したり（発足時から三戸）、作業委託したりして農家の相対関係で処理している。

要するに作業実態的には倶楽部としての協業ではなく、Mさんをはじめそれぞれの作業受委託関係であり、倶楽部として機械等を有することはしていない。敢えて「協働農村倶楽部」と命名したのは、「他人任せにするのではなく、みんなの力を結集したいという願いを込めたからである」とされている。

しかし経理の一元化はかなり進んでいる。すなわち米と麦の販売、資材購入は倶楽部経由、麦の全作業と稲作の育苗・田植・刈取・乾燥作業を一元化している。一元化にあたっては会計係を務めるM2さんの力が大きい。M2さんはコンピュータソフトの会社を三〇年にわたり自営しており、インターネットと携帯電話で担当者間で共同処理できるシステムを構築し、たとえば実際の入力は作業者が行い、農協も一元化の一環に入り、「架空口座間の電子マネーのやりとりで大晦日に残った金額を個人に配分すれば終わり」といい、組合員は個別に資材購入、販売額、労賃、利益がすぐ分かり、好評だという。

なお組合長のHさん（五四歳）は長年にわたり自動車販売会社に勤務した管理職である。

このHさん、Mさん、M2さんの役員コンビが倶楽部を支えているといえる。

倶楽部は前述のような経過から集落面積の半分の集積にとどまるので特定農業団体化の意向はない。法人化については機械の更新期には話がもちあがるだろうということで、五年後は無理でも一〇年後をめざしている。市の担い手後継者勉強会に組合員四名を半年間参加させ、水稲直播にも挑戦している。

収益面では、売り上げ二、五〇〇万円、助成金六五〇万円、配分は作業賃八五〇万円、損益配分一、二〇〇万円で、後者を面積割りにすれば反当二〇、〇〇〇円強になる。

倶楽部の特筆されるべき点は農地・水・環境保全向上対策に取り組んでいる点である。すなわち二〇〇六年度には実験事業の対象となり、久保田公園の草刈り、通学路のゴミ拾い、農業用水の清掃等を非農家と連携して取組み、二〇〇七年度からは区・公民館・三つの開田組合・育成会・PTA・老人クラブ・ボランティア会が参加団体となり、五年間にわたり三七ヘクタールへの交付金年間一六〇万円を使って環境作りや田んぼの学校の整備にあてる。中心は集落の真ん中にあり古木が茂る久保田公園の整備と児童学習用の合鴨農法の田んぼである。この取組みは前述の参加団体による別組織のそれになっているが、トップは倶楽部と同じHさんであり、倶楽部が九割方面倒みている。

3　踏入ゆい倶楽部（特定農業団体）

豊科町旧南穂高村の踏入集落を基盤にしている。集落は全戸数一二五戸、うち農家が六〇～六五戸である。水田五五ヘクタール、圃場整備は二〇年前になされ三〇アール区画になっており、排水は良好である。町は規制が厳しくて開発は進んでおらず純農村である。小さくてまとまりのある集落だという。

他の集落営農と異なり、踏入の場合は機械利用組合等の前身がない。端的に品目横断的政策の水稲のナラシ対策を目指して組織された集落営農である。リーダーは組合長のK氏。農協支所長を定年退職した六三歳で、県農業公社の合理化事業指導員も務めている。踏入の組織はK氏が自ら指導して作ったものである。前身はないといったが、農協の集落営農組合はある。その組合長もK氏が務めており、二〇〇六年の定期総会で品目横断的の話をもちだした。農家組合長、農協総代、農協女性部等の一四名で役員会を構成して取り組んだ。二〇ヘクタールの条件をクリアできるか不明だったが、歩きながら取り組むことにした。二〇〇六年一二月にアンケートをとって目鼻を付けることができた。半年の取組みで二〇〇七年三月には農用地利用改善団体と特定農業団体としての踏入ゆい倶楽部を設立することができた。出資金は一〇アール四、〇〇〇円とし九三万円になった。

倶楽部には三八戸、三一ヘクタールが参加した。認定農業者が一名いるが、いちおう参加することになった。非参加者は規模の小さい人が多い。一名は三ヘクタールだが酪農家であり、残りは大きくても一ヘクタールで、協業がめんどうだ、わずらわしい、というのが主たる理由だ。後から参加したい人を拒むわけにはいかないが、踏入は転作作業を協業しているので何年かは参加は難しいかも知れないという。

三一ヘクタールのうち水稲が一七ヘクタール、残り一四ヘクタールが転作だが、内訳はタマネギ四・四ヘクタール、ジュース用トマト一・三ヘクタール、スイートコーン八四アール、アスパラガス三五アールで、残りは個人転作であり、一〇〇％達成している。農用地利用改善団体になったので転作田を数カ所にまとめることができている。転作田は今のところ固定している。

倶楽部は過去実績をもたないので麦・大豆の転作にはならず野菜を基本としている。今後はサニーレタス、小松菜、ほうれん草などにもチャレンジしたい。いろんな作目に取り組んでいるので運転資金に困ることがないのがメリットである。

転作作業は三八戸の農家で取り組んでいる。役員一四名が分担して出役を依頼しているが、計画的な作業はあらかじめ出役を決めており、出役は時給八〇〇円で精算している。

米ナラシの交付を目的とした組織だが、水稲の方は地権者に再委託している。要するに自分の田は自分で耕作する。精算は仮渡し金＝生産費（二〇〇七年で六〇キログラム一〇、五六〇円）で行っている。二〇〇七年は二五〇万円の赤字となり、一一〇アール一一、〇〇〇円の徴収を行った（先の二三ヘクタールを基準として）。転作関係の交付金がないことがひびいていよう。二〇〇八年度はナラシ一九〇万円が予定されるのでトントンになるのではないかとしている。

その場合、組合員には転作の労賃（時給八〇〇円）と水稲の自家労賃・地代部分が残ることになる。特定農業団体を作って米ナラシを交付されることで成り立つ計算である。役員は今のところ無報酬である。

女性はタマネギの収穫作業や芽かき等の根気の要る仕事に力を発揮しており、またスイートコーンのもぎ取り大会でも活躍した。

賃貸借も発生し、他集落からの入作もみられ、組合としてもそろそろ引き受けることを考えて法人化したい意向であるが、他方では高齢者ばかりなので無理をしてはいけないとも考えている。同集落は大きくもなく小さくもなくまとまった集落であり、みんなが定年でもどってくるまでに基盤を整えたいとKさんはしている。

ヒアリングはちょうど午後のお茶の時間にぶつかったが、狭い事務所に集うのは確かに高齢者ばかりで、それぞれがお茶請けを持ち寄って艶っぽい冗談をとばしながらの休憩であり、しばらくしてリーダーのかけ声で圃場にちらばっていくという、和気藹々たる雰囲気が感じられた。

第2節　明治合併・昭和合併村の「集落営農」

1　農事組合法人・みのわ農産（箕輪町）

(1) 全町規模の「集落営農」へ

箕輪町では地域農業支援システムと集落営農組織化が平行して追求され、結果として県内初の一町一農場方式になった。

同町は上伊那地域の北部に属し、農家の平均経営面積は五八アール、米販売農家の一戸当たり面積は四〇アールであり、一戸当たり一〇俵も出荷すればよい方という超零細地帯である。他方で工業出荷額は二〇〇五年で一、六四三億円、うち電子が五二％、機械一六％、精密機械一四％という構成で、製造業従事者は二〇〇六年で五、八八一人、外国人登録も〇七年一、五二一人を数える。

町では飯島町にまねて一九九八年に箕輪町営農センターを立ちあげている。組織構成は前章でみた各地域と変わらず、町営農センターの下に五つの「地域営農組合」を組織している。五つは、旧中箕輪村が南部・中部・北部の三つ、それに箕輪町と東箕輪村が各一つで、概ね地域割りのようである。

同町の取り組みは、国の農政が担い手を絞り込むなかでの対応をどうするかということで始まった。営農センターの幹事会（町産業振興課、農協箕輪町支所、普及センター、農業共済組合）で話し合い、個別の担い手ではなく任意ないしは法人の組織化しかないということになった。任意組織（特定農業団体）の場合は、農地の三分の二の集積は難しく、またどうせ五年後には法人化を義務づけられているので、幹事会としてははじめから法人で行く方が「利口だ」という結論に傾いたが、農家の意見を聞く必要があるとして、二〇〇五年末に集落の営農に関するアンケート調査を実施した。

アンケートは水稲作付農家二、五〇〇戸に対して回答は一、六〇〇戸だった。主な項目をみると、①回答者の年齢は六〇歳以上が三分の二、経営面積は六〇アール以下が七一％、一〇〇アール以上は三・八％、農業後継者がいるのが四六％（正確には農家後継者だろう）、規模縮小一五％、離農九％の計二四％といった状況である。②集落営農の取組みが必要とするのが五八％、不必要が三二％、集落営農が必要な理由は、高齢化三七％、農地荒廃二七％、後継者欠如一八％、機械投資負担一七％、③集落営農は必要でない理由は生き甲斐三九％、自己完結一九％、後継者がいる一五％、わずらわしい一二％、④集落営農に期待するのは農地の守り手三四％、労力軽減二五％、低コスト化二一％である。⑤集落営農に関する不安としては自分の農地が管理できない二二％、作業が雑になる二一％、適期作業ができない一八％、収入減一〇％、水稲品種を選択できない一〇％である。

幹事会では、このアンケート結果をみて、半分以上が集落営農を必要としていることからゴーサインと判断された。次に集落営農の形態としては一人一票制の農事組合法人がよいということになった。このような骨格を一七カ所の集落営農懇談会で説明した。多く出た反応は「赤字が出たらどうするか」だったが、結論的には「そうはいってても集団でやらないとだめかな」ということだった。

次いで発起人会を発足させるということで地域営農組合に推薦を依頼した。各地区二～三人を想定していたが、「何人でもいい」と言った結果、五一人が推薦されてきた。これでは実質協議にならないということで役員会を八名で構成して具体案を検討した。八名は地区営農組合長五名、農協地区代表、農業委員会会長、集落リーダー（国の補助事業で雇用した農協中央会ＯＢの地元の人）である。

役員会・発起人会での議論は、当初は先の五つの地域営農組合を母体に法人化を図る案だった。地域営農組合の下には七つの協業組合もあり、機械も所有していた。しかし国の要件に合うように経理をするのはかなり煩雑で、誰がそれを担当するのかとなると五名の担当者を見つけるのは困難だった。箕輪町はすり鉢状の地形になっていて奥の深い中山間地域もないので全町一本でできるのではないか、全町一本の法人化を起爆剤として地区が独立したければのれん分けすればよいと言う案に落ちついた。

そこで二〇〇六年一〇月には集落懇談会を一五会場で行った。相変わらず「赤字になったらどうする」の質問には「作業受委託なので赤字はない」と回答しつつ、姿勢としては「加入を頼み込まない」「納得した人だけが参加する」という任意性を強調した。

二五〇名の参加を見込んでいたが、ふたを開けたら四八〇名の参加になった。入ってもメリットがないのではないかという小規模農家も参加してきた。また一〇戸ぐらいがあとから参加を申し込み、同数程度が「めんどうだから」とあとから取りやめている。発起人が五〇名もいたのが参加には有利に働いたとみている。

（2）みのわ農産の仕組み

二〇〇六年末に設立総会が開かれ、「みのわ農産」が設立された。組合員数は五九七名。総農家数一、八五五戸、農協への米出荷農家一、〇〇〇戸だから、その半分強が参加したことになる（正確には農家の二四％、米出荷者の四六％、一〇俵以上出荷者の五〇％）。認定農業者は二名いるがみのわ農産に参加しつつ、経営所得安定対策は個人加入になっている。出資金は四〇〇万円、一アール一口四〇〇円で集めている。農協も五〇万円を出資している。事務局機能は営農センターの幹事が担い、会計事務は農協と水田農業推進協議会に委託する。

法人の主たる業務は「水稲の基幹作業の受託と米の販売の受託という二つの業務を中心とした家族的農業経営を補完する組織」なので、農事組合法人を選択したとしている。

法人が受託した基幹作業を請け負う実働班として、七つの作業班（従来の協業コンバイン組合）と各個人所有コンバインを用いる認定作業班がある。基幹三作業を自分で行う農家についてもオペレーター登録を勧め、所有する機械は法人が賃借する。コンバインは作業班で一〇台、認定作業班で五〇台ほどある。各作業班が二～三人のコンバインのオペレーターを擁している。

二〇〇七年度の実績を刈り取り作業についてみると、自己管理六四ヘクタール、委託管理六八ヘクタール、組合員外からの受託三二ヘクタールである。その他の作業受託は一〜二ヘクタール程度である。組合員に対しては作業料金の割引制度を検討している。

畦畔草刈り、除草、追肥、病害虫駆除、水管理等の肥培管理作業は組合員自らが行い、種苗、肥料、農薬等の調達・支払いは個々に行う。種苗、土壌改良材は経理一元化も可としている。

転作は個別に配分され、集団転作等はなされず、産地づくり交付金は法人が受けてそのまま個別農家に配分する。

経理は農協に委託し、農協ルールで組合員一人当たり年間二〇〇〇円が徴収される。

〇八年七月の組合資料では、反収一〇俵、一俵一四、〇〇〇円で試算した分配清算金を示しているが、それによると、全作業を自分で行う農家は一〇アール一三万三千円、収穫作業のみ委託農家は九万五千円、基幹三作業委託者は六万五千円としている。〇七年の収支は未処分利益金二、九〇〇万円で、法定準備金三〇〇万円、基盤強化準備金五五〇万円、従事分量配当二、二〇〇万円に使い、一五五万円の赤字を計上している。

要するにみのわ農産は、全町規模でのコンバイン作業受託組織プラス稲作経理一元化組織といえる。受託コンバイン作業も作業班や個別農家に再委託されるので、ギリギリ残るのは後者の機能であり、その意味では経営所得安定対策のための対策といえる。

幹事会としては、二〇〇九年度から利用権設定への移行、二〇一一年度から作業班をご破算にして適正なコンバイン台数と作業方法によるやり方に切り替え、法人の実質化を図りたいとしているが、全町一本のこの方式で果たしてそれが可能かが問われる。

2　伊那市西春近村・東春近村の取組み

(1) 西春近村の取組み――特定農業団体・西春近営農組合

伊那市での取り組み事例を三つ紹介するが、まず箕輪町と同じく明治合併村規模が一本で取り組んだ西春近村の事例をとりあげる。

ヒアリングに応じたのはＳ氏七二歳で、農協定年後、農協理事（七〇歳定年）、また農協理事として農業委員も務め、推されて今回の政策対応のまとめ役になり、現在は営農組合の組合長である。青年期には農村民主化のなかで青年団、消防団、フォークダンスなど「張り合い」のある日々を送った。春近は青年団活動で有名な地域でもあった。本人は高卒後八年間家の農業を手伝ってから農協に入ったが、その三年後当たりから工場進出がめだつようになったという。

西春近村に大字（区、藩政村）が九つ、農業集落（農家組合）が二九ある。圃場整備は七〇年代なかばに二次構ですませたが、一〇アール区画が多い。水田六割、畑作四割の地域で、旧養蚕地帯、畑は現在は酪農、リンゴ、アスパラガス、ネギ等が栽培されているが、耕作放棄もでている。

過去の取組みとしては、二次構がらみの県単事業等で八つの協業組合ができた。区でもなければ集落単位でもないどちらかといえば「篤農家」が中心になったものが多い。そのコンバインを軸にした協業（組織）が今日まで続いている。また一九七六年には西春近農協としてカントリーを建設している。さらに一九八〇年代に入り生産調整を進めるために九区ごとに実践組合がつくられ若干の補助金が出た。

このようななかで品目横断的政策が打ち出され、西春近でも二〇〇五年から対応の検討に入った。S氏は農協理事ということで研究委員会のトップをさせられた。一番の争点はどのエリアで組織化するかである。S氏ら「西春近村」側は「全村は大変ではないか。最寄りの集落で集まってやった方がよくないか。各区で取り組んでくれ」、逆に区側は「全村でやってくれ」という言い方だった。二九の集落単位でいう話は初めからなかった。小さな単位では不可能だという理由である。結果的に人材確保が難しいということから全村対応に傾いた。指導機関は「あるべき」は打ち出さず、質問があれば答えるという対応だった。

西春近には認定農業者が三八名いるが、土地利用型は七名、残りは花卉等の施設型である。彼らも協力的で、個人販売している一人を除き土地利用型は全員が組織に参加した。収入が五五〇万円を上回る人は品目横断的対策にも個人対応とし、他は組織を通じての対応となった。

これらを踏まえて二〇〇五年にはアンケート調査がなされた。七六九戸に配布され回収率は九二%だった。個々の項目は箕輪村と大差ないので、結論部分のみを示すと、規模については現状維持が六五%、縮小離農が一九%といったところである。箕輪町のアンケートでは現状維持は六〇%、縮小離農が二四%だから、現状維持がやや多いとはいえる。この意向を尊重した結果は、「法人化ではなく任意組織でいく」ということだった。なお「営農組合」という名称でいくことだけは検討の早い段階で決まっていた。

こうして二〇〇六年一〇月に特定農業団体としての西春近営農組合が設立された。構成員は四四二名になった。区はそれぞれ農用地利用改善団体になったがその総勢は八〇〇名、農協正組合員は七三〇名、販売農家は三八〇名だから、農家の六割が参加し、構成員の一四%は自給的農家である。出資金は一戸一、〇〇〇円で四〇～五〇万円。加入農地は二四〇ヘクタール、水稲一六〇ヘクタール、麦・大豆一三ヘクタール、残り六三ヘクタールはソバや畑などである。水稲・麦大豆は全て品目横断的対策の対象になっている。組合が受託した作業は先の協業組合を営農組合の機械専門部として、そこに再委託している。オペレーターは全部で二五名、八〇歳から二七歳までで平均すれば六〇代である。

二〇〇七年の損益計算書によれば売上高は一・四億円に達し、最終的な「協同作業受託配分金」は七、九〇七万円、一〇アールにして三七、〇〇〇円で「これしか入らぬのか」という反応もあった。ただしこれには品目横断的の交付金はまた計上されておらず、産地づくり交付金もカウントされていない。後者は直接に農家受け取りなのかも知れない。

課題は次の三点である。第一は、法人化するとして、今は役員は年一四万円の報酬でやっているが、法人化してそういうコストもきちんと計上して収支に責任が持てるのか。

第二は、依然として旧村規模の大きな法人でよいのか、区ごとの法人の方がよくはないか、それならやれるという人もいる、という当初からの問題、第三に、先の二四〇ヘクタールにも含まれている地域の畑全体の有効利用である。畑は勾配がきつく、土も流れてしまい、その有効利用をどうするか、である。

(2) 東春近村の取組み

東春近村は明治七年の明治合併村である。村史によるとそれ以前には殿島村、田原村等があったというので、後述する田原は藩政村にあたる。

東春近村では今回の品目横断的政策以前の二〇〇四年にいち早く農事組合法人・田原が設立されたが、その他の七集落は二〇〇六年に政策絡みで農作業受託組織を作った。西春近村の明治合併村規模での組織化に対して基本的に集落単位の組織化になったわけである。以下では田原を除く組織化の取り組みについて紹介する。

東春近では現在の振興センターの前身としての東春近地区農業振興推進委員会で地区としての対応が協議され、二〇〇六年二月の臨時総会で基本方針が確認されている。

①西春近が村一本でいくことも承知した上で、東春近は集落単位の「営農組合」で行く。集落での話し合いで理解できた者でやっていこう。田原も集落単位で行っている。基本方針によれば「無理した方法での組織設立は、集落に大きな溝を作りかねず」「集落単位で十分検討し、内容の周知徹底を図った中で」とりまとめる。「個々で導入した機械・会社等退職された方の経験を資産と考え、大切にし、活用する」。

②認定農業者は個としての経営確立が課題なので、それに負担をかけるのは避けて、認定の対象にならない農業者で生産組合を設立する。いいかえれば認定農業者は外す（排除とは違う）。

③営農組合は二〇〇七年産麦に間に合うように八月を目途に設立する。地目は原則水田とし、施設・樹園地・固定化されている自家菜園は対象（集積地）から外す。できる作業は自分で行い、耕作できなくなった農地は組合のなかでできる人が協力して耕作する。機械は導入せず、個々の機械を利用し、できない作業は「協業組合」に委託する。今後の個別の機械導入は控える。経理は農協に委託する。

④任意組織設立三年目（二〇〇八年）より法人化を検討する。任意組合をそのまま法人化することを基本とするが、適正規模にする必要があり、東春近村全体で検討する。法人化しても個々にできる作業は行い、また法人のなかで認定農業者、法人の専従者を育てる。

⑤生産調整は今まで通り農家組合長が責任者として集落のとりまとめ・調整をする（しかし農家組合長は一年交替の回り持ちなので実際は地区振興センター長が仕切る）。

以上からも非常に慎重な姿勢がうかがえるが、それは東春近村が非常に「団体性の強い」まとまりある村だからである。ここで「協業組合」が突然出てくるが、他の地域と同様に二次構を契機に補助金がらみで作られた農作業受託組織で、西春近と同じくここでも集落基盤のそれは少なく、ほとんどが有志による組織化だった。営農組合が受託した作業は主として協業組合に再委託するわけであるが、営農組合はあくまで協業組合とは別個に組織された。水稲の収穫作業についてみると、自分で行う者が二〇～二五％で、残りは組合に委託している。

ここでも「法人化に関するアンケート」が二〇〇七年末になされたが（四二六名配布で回収率九五％）、①法人化は絶対必要四〇％、加入か否か別として法人化は必要四四％と圧倒的、②法人の規模は集落単位五〇％、東春近で三つくらい二三％、東春近で一つ二八％で、集落か超集落かは半々に意見が分かれた。③参加方法は、作業参加三九％、自家用以外の農地を預けたい三六％、全て預けたい一四％、オペレーター・経営参加一一％である。注目されるのは預けたいが合計五〇％に達する点で、これでは法人化するしかないわけである。

ではどの範域で法人化するか。全体については①④の通りだが、集落ごとに見ると、旧上殿島村の中組、渡場、そして原新田の三集落では集落ごとは無理が大勢を占めている。そうすると現実的には東春近村一本という西春近村方式になるわけであるが、今のところは意見は分かれ、踏ん切りがついていない。そして東春近村一本化ということになると、次にみる田原との関係が問題にならざるをえない。

西・東両春近村の法人化のエリア戦略は、農業集落か明治合併村か、なおゆれているといえる。

第3節　藩政村・農業集落の集落営農

1　農事組合法人・田原（伊那市）

(1)　設立の経緯

前項にひきつづき東春近村の田原をとりあげる。田原は藩政村＝農業集落のようである。伊那市の最南端、天龍川沿いの河岸段丘に位置する。段丘の上段はかつての桑畑で現在はアスパラ生産等を除けば荒れている。段丘の下段が水田地帯になっているが、昭和二〇年代に七〜八アール区画にされたままである。圃場整備してから組織化に取り組もうという案もあったが、「そうしたら一〇〇年かかる」ということで取りやめた。田原全体で水田が六五ヘクタール、畑が二〇ヘクタールで、畑のうち四割は前述のように荒れている。総世帯数一七八戸、うち農家が一〇三戸である。

法人化のきっかけは二〇〇二年の地域農業構造改善緊急推進事業のモデル地区なったことであり、その関連でアンケート調査したところ、縮小・離農が三五％にのぼり、かつ前述のように畑の耕作放棄もめだつことから組織化の動きが始まった。検討の母体は田原集落営農実践委員会（桑畑の荒廃化対策として一九八三年に設立、養蚕部会長、農家組合長、水利組合長、区長等で構成）内の構造改革プロジェクトで、そこで二年間ほどかけて検討された。

今回のヒアリング対応はＳ氏五四歳で、法人の理事三人のうちの一人である（他の理事は組合長七〇歳、元農協職員、副組合長五七歳、キノコ農家）。本人は農協を中途退職して野菜ついで花卉栽培に取り組む専業農家である。田原の認定農業者は同法人の他はＳ氏と副組合長、さらに八〇歳の四ヘクタール農家の四名である。

法人化のより具体的なきっかけは八〇枚三〇〇アールほど耕作していた七七～八歳の者が病気で倒れ、借りていた田を返し、公民館の真ん前が草ぼうぼうになり、それを受ける組織の必要性を感じたことである。かつ若い者は「トラクターを買うよりクラウンを買いたい」という風潮だという。

組織化にあたっては任意組織の選択肢はなかった。利用権の設定受けという焦眉の課題のほか、任意の方が事務が繁雑、法人の方が持ち分、任務も明確であり、かつ参加者の多くがサラリーマンで法人化にアレルギーがなかった。

法人は五六戸、一六ヘクタールで発足した。認定農業者等に貸している農地はそのままにするようにした。全戸参加には遠かった。また参加者には自分の全農地の参加を求めず、自家用に作りたい人は残して可とした。実際にも法人に加入しながら自家飯米は自分で作る者が八割だという。

法人に参加しなかった者の理由としては、そもそも事態が理解できない、農地をとられてしまうのではないかという昔ながらの懸念があげられる。法人は安易な加入・脱退が繰り返されるのを避けるため加入を設立時に限った。そのため一部でも出しておこうかと言うことで参加者が増えた可能性はあるという。あとからの加入を認めないという方針に対する反発もあって参加しない農家もいたが、親父は反対だが、息子の方は自分の代になったら入れてくれという声もあった。

しかし品目横断的対策が明確化したのに伴い、今一度門戸開放に踏み切った。それに伴い個人でやっていてもダメだと判断した農家が二五戸ほど参加し、面積も二五ヘクタールに増えた。加入に当たっては、それまでの機械代を考慮して、一戸五万円の加入金を設定した。

(2) 法人の運営

運営についてみると、農地は農協の保有合理化事業にのって利用権を設定する。他の組織のような作業の地権者戻しはやらない。機械作業等はオペレーター二〇名が担当するが(年齢は六〇代が多く、S氏は最年少)、認定農業者を除きほとんどが勤め人で主として休みの日に対応してもらう。

地権者戻しはしないが、畔草刈りと水管理を地権者が行った場合、前者に反当六、〇〇〇円、後者に水田反当一〇、四〇〇円が支払われる。小作料は一〇、〇〇〇円なので両方を自分でやれば反当二六、四〇〇〇円になる。法人として経営しているので、法人が指示した以外のことはやらないようにしてもらっている。

オペレーターの時給は一、二〇〇円、役員報酬は年二〜三万円である。

作付けは水稲一六・七ヘクタール、麦七・一ヘクタール、野菜〇・九ヘクタールである。野菜として白ネギに三年前から取り組むが、手が回らないということで八〇アールから半分に減らしている。組合長とS氏が基幹的な作業を行っている。

生産調整は農家組合（行政区）単位で取り組み、農地・水・環境保全事業は東春近村として取り組んでいる。

二〇〇七年の収支をみると、営業損益（農業）では、売り上げ三、〇〇〇万円、営業利益△二九〇万円、営業外損益では、産地づくり交付金三四七万円、農地流動化等の助成金一九七万円、原油高対策等の補助金一八三万円、緑ゲタ七二万円、共済受取金六九万円、とも補償五二万円など併せて収益が九二六万円で、営業利益の赤字二九〇万円をゆうにカバーし、特別損失三〇〇万円弱（圧縮損一八三万円を含む）を差し引いて、当期未処分利益金三四〇万円を計上するに至っている。剰余金のうち三〇〇万円は農業経営基盤強化準備金として積み立てられる。二〇〇五年度は三、〇〇〇万円、〇六年度は一六〇〇万円の剰余で、「米価が下がっても三〇〇万円の剰余が出る」としている。

今後については、法人にさらに面積が集まるとしても三〇～三五ヘクタールが法人としても限度ではないかとしている。また前項の東春近村全体での法人化については、当然のことながら、田原としての必要性は感じていない。自分たちは利用権設定まで踏み切っているが、他もそうなれば一緒にやれる状況にもなろうとしている。

西春近、東春近の全体状況をみてきたうえで、なぜ田原だけが法人化できたのかの疑問が残る。それについて兼業化だとか客観条件に差はないという。すると残るのは主体的条件である。客観条件に差はないといっても、オペレーター二〇名をともかく確保しているのは若干の差かも知れない。また明治合併村単位ではなく、藩政村ないしは農業集落というより小さな単位での取り組みが功を奏した可能性はある。さらにS氏に接していて企画・実務能力の高さを感じる。全面積加入を求めない代わりに利用権設定を求めるなど、ハードルを高くする代わりに逃げ道も作っておくなどやり方も周到である。S氏自身がJA中途退職の農業者だが、そういう農業者を現役の企業人である構成員が支えている可能性もある。

2　農事組合法人・北の原（駒ヶ根市）

（1）前身としての北の原営農組合

北の原は大字（藩政村）赤津村に属する七つの農業集落の一つである。北の原は駒ヶ根市の外縁部に当たり、多くは農振地域に入っているが、一部は市街化調整区域であり、都市化が進行している。

行政区は一九〇戸に及ぶが、うち北の原に農地をもつ地権者という意味での農家は三六戸、その水田面積は一八・八ヘクタールである。

法人の前身は北の原営農組合であるが、その取組について前組合長T氏の「みんなで築く活力ある農村」（県発行・新農業構造改善事業第三集・作付栽培協定事例集、法人設立記念祝賀会誌より）も踏まえながらみていこう。北の原は天竜川の河岸段丘にあり、比較的農地としての歴史が浅く、「地主から借り受け自らの手で開墾開田し次第に農地を広め農地改革を経て自作農になって来たケースが多いだけお互いに土地所有意識が高」い地域である。そのことが後に見るように法人の作業方式に陰影を与えている。なお開田により北の原の地目は水田に一本化した。

同地区は大田切川を水源としているが、長年の駒ヶ根市と宮田村の水争いの解消のためもあり、一九六九年に大田切土地改良区を設立し九〇〇ヘクタールの圃場整備に取り組むことにした。北の原が属する工区四〇ヘクタールは、遅れて一九七八年から着工となり八二年に換地を終えた。はじめの二年間は水稲を休み、牧草の共同栽培を行ったが、T氏は、それが「北の原営農組合特有の共同作業形態が生まれていく基盤と原動力になった」としている。

圃場整備とともに新農構推進のための地区推進協議会が設立され、そこで平均四八アールの兼業農家なので機械の共同利用による一貫体系を樹立すべき、補助事業による機械導入や転作奨励金の最大化には転作団地化が不可欠だとして、営農組合の設立が結論された。組合は全戸・全面積参加、麦・大豆・水稲のブロックローテーション、転作は組合、水稲は個人対応、オペレーター免許は組合負担で取得等が申し合わされた。こうして一九八〇年に営農組合が設立された。

水稲は個人対応とされたが、トラクター、田植機、コンバインは個人所有せず、水稲の機械作業も組合で行い、管理作業が個人対応となった。当時のオペレーターは一〇名程度だった。上伊那地域の他の組織と比べると、このように当初から転作作業と水稲機械作業の協業に取り組んだことが際だった特徴であり、その後の組織展開をスムーズにさせたといえよう。

転作については小作料は支払わず転作奨励金を地権者に渡すものとし、収穫物は組合に帰属させ、機械更新等に当ててきた。営農組合は麦・大豆の転作に取組み、この間、毎年のように県や国の受賞に輝いているが、大豆に連作障害がでるようになり、また一九九三年の凶作もあって、九四・九五年は全面積に水稲を作付け、その後は麦の採種とソバに取り組んだ。しかしソバアレルギーの人もいて、二〇〇二年から農協の重点作目であり、かつ機械化も比較的進んでいる長（白）ネギ栽培に取り組むこととし、組合として機械化等のため一、〇〇〇万円の投資を行った（半額程度は補助金）。

（2）農事組合法人の設立

組合のネギの収益も一、〇〇〇万円近くに伸び、農協としても二億円を超す作目に成長し、「JA上伊那のネギ」として全農を通じて全国出荷されるに至っている。ネギ収入の伸びに伴い農協から税法上の問題点も指摘されるようになり、二〇〇一年から法人化の検討が開始された。二〇〇三年から複式簿記を導入し、〇五年には見なし法人対策を検討し、〇六年には品目横断的経営安定対策の「受け皿としての必要性も加わり、法人化の必要性がさらに増し」、九月の法人設立にいたっている。

法人化にあたっては、農事組合法人の形態をとった。全戸参加という組織のあり方からして組合法人が当然ということだろう。法人の設立にあたっての出資金は聞き漏らしたが、前身の営農組合が全戸参加で既に相当の資産形成、内部留保をしており、改めての金銭出資の有無は定かでない。なお貸借対照表には資本金三二五万円が計上されている。法人設立に際して農協が五〇万円の出資をし、組合員になっている。このことについて法人サイドは、「資産のないところは出資は有り難いだろうが……」としている。つまり農協側からの出資といえる。

組合員の内訳は**図表4**の通りである。七二名の組合員は戸数の倍になるわけだが、それは男性世帯主の配偶者や後継者等も組合員にしているからであり、その点が同法人をユニークなものにしている。

また**図表4**で恒常的に作業に出るのは二一戸とされているが、残りの一五戸は段丘の下の下平地区に居住し、段丘上の北の原に農地をもつ者が主である。下平地区は天竜川の氾濫に備えて段丘上の北の原地籍にも農地をもつ農家が現れるようになり、また分家は段丘上の農地を分与されることが多いようだ

図表４　農事組合法人北の原の組合員構成―2008年―

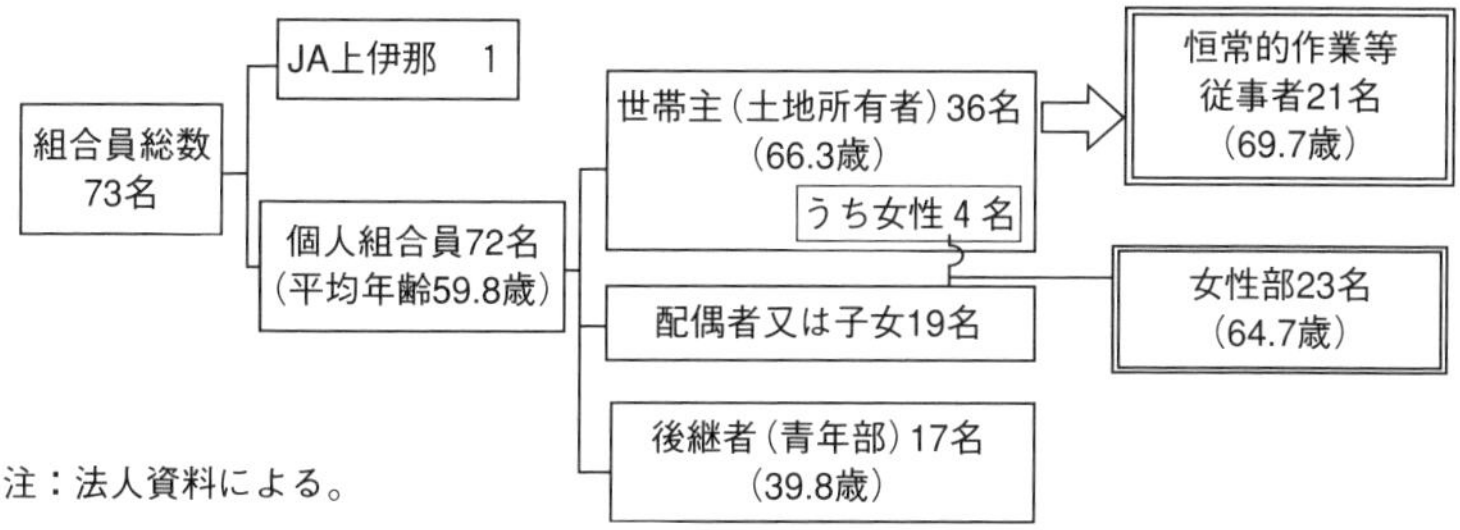

注：法人資料による。

が、それらの農地は併せて三ヘクタール程度である。

法人の内部組織としては、女性部、青年部、稲作部、麦作部、ネギ部、機械部があり、役職としては組合長、副組合長（転作部長兼務）、推進員二名（一名はネギ部長兼務）がいるが、役員報酬はゼロである。理事九名には青年部、女性部代表が加わる。

ここで現組合長について紹介しておくと、O氏六七歳で、中部電力を定年退職、四八～六五歳にかけて当初は労組関係もあり議員を務めた。営農組合時代から係わっており、一時は水稲三ヘクタールを作り、その後はハウスで野菜栽培に取組み、集落唯一の認定農業者でもある。

（3）法人の経営

二〇〇八年の土地利用は水稲八四七アール、大麦七六〇アール（うち採種四二〇アール）、ネギ三六二アール、ごま二四アールである。ごまは駒ヶ根市の特産品ということで今年から取り組んでいる。ネギは連作障害が出るが、肥効が残り、跡作の取組みが大変なので有機肥料を使うなどしてなるべく圃場を固定している。

水田は全面積を法人に利用権設定している。小作料は一〇アール一七、〇〇〇円で標準小作料のいちばん高額のものを適用している。水稲の水管理は個人で行うが、来年からは変えたいとしている（米へのこだわりがあるので難しいとしているが）。畔草刈りは法人に委託した場合は八、〇〇〇円を法人に支払う。つまり純地代は九、〇〇〇円で、畔草刈りは八、〇〇〇円相当の支払いともいえる。肥料と除草剤は基準を法人で決め、後者は法人の指示で個人で行う。苗も個人購入で法人が頒けている。以上の聞き取りでは、どこまでが個人の責任で、どこから法人が担当するのかやや不明だが、法人としては一括経営をめざしているものの、なお地権者が自分でやりたいという面を克服し切れていないようである。

オペレーターは免許取得者が一五名、実働が一一名で、年齢別の内訳は七〇代が一名、六〇代が五名、五〇代が四名、四〇代が一名である。

女性部は補助作業にでるとともに、麦跡に野菜一五アールを作り、一部は販売、さらに加工を考えている。青年部は勤め人なので日常の手伝いはしないが、昨年はネギの価格がよく、出荷作業を手伝った。またエコ米のネーミング「ゆきどけ」も青年部の発想である。

時間給はオペレーターが一、五〇〇円、一般作業が一、〇〇〇円、ネギの出荷作業は収益があがるか不明のため八〇〇円に抑えて現在に至っている。後述するように決算期に従事分量配当が加給されるので実賃金はさらに高まる。

法人はエコファーマーの資格をとり、エコ米に取り組んでいる。八〇〇俵のうち四〇〇俵を農協から買い戻し、無洗米として一〇キログラム四、〇〇〇円で地元販売している。

二〇〇七年度について経営収支をみると次の通りである。営業（農業）損益は、売上高が三、九〇〇万円（ネギ二、四〇〇万円、コメ一、〇〇〇万円弱）、原価・管理費等を差し引いた営業利益が一、三〇〇万円で大幅黒字になっている。加えて、麦ゲタ交付金一五七万円、転作奨励金二七〇万円、農地・水・環境対策の二階部分九二万円、流動化奨励金五六万円等で、交付金・助成金併せて六〇〇万円強になる。剰余金が二、六〇〇万円にのぼり、従事分量配当（労賃・地代）一、九〇〇万円（一八・八ヘクタールで割れば一〇アール一〇万円になる）、経営基盤強化準備金五〇〇万円、利益準備金二六五万円になる。

上乗せする前の労賃・地代（時間一、五〇〇円と反当一七、〇〇〇円）を費用に加えると営業（農業）損益は三三五万円の赤字になるが、労賃・地代を地場相場並みに落とせば営業（農業）収支トントンにもっていける水準にある。多くの法人が営業損益の赤字を営業外の交付金・助成金でカバーしているのに対して際だった相違である。

いま一つ注目されるのは農地・水・環境保全対策への取組みで、これも他集落は土地改良区の取組みだが、北の原は法人として取り組んでいる。そこに集落ぐるみ法人の強味が発揮されているともいえる。前述のように都市化が進み、非農家が増えるなかで、直播に向けて夜間にトラクターを運転したら騒音がうるさいと苦情が出され、また軽トラを連ねて駐車してネギ作業をしていたらパトカーがとんできて駐車違反、交通障害とされるなかで、地域としては非農家の農業理解が欠かせない。そこで法人としては三〇アール区画をつぶして、一・三×三mに区切って保育園児・小学生に好きなものを作らせる取組みをしている。女性部が担当し、有機肥料の入った圃場をつかうため、親よりも良いものができるという。

「剰余金処分で地代上乗せする必要などないではないか」（上乗せは労賃二四〇円、地代三、〇〇〇円）というこちらの質問に対しては、「地代をできるだけ厚くしないとすぐにも農地を売りたいという人がでてくる。今年は地代を上積みできてよかった」と述懐する。都市化のなかで農地確保に奮闘している法人といえる。

(4) 法人の性格

農事組合法人・北の原は、集落営農組織としていくつかの特徴をもっている。最大の点は全戸・全面積加入という点だろう。前項の田原と対照的な行き方である。「地域・集落ぐるみ」といっても、現実にはそうはならないのが実態であり、とくに長野県ではそうだといえるが、その点が強味になって、農地・水・環境対策にも法人として取り組めることになり、また先の都市化対応もしやすいといえる。また県下の多くの法人が耕作放棄地を含む畑の扱いに苦慮しているが、畑を全て開田した北の原はその点もまぬがれている。このような全戸参加のうえに、世帯主だけでなく女性や後継者も組合員に含めた点も大きな特徴である。これまた前項の田原がその点で「男たちの集落営農」に限られている点と異なる。

北の原は品目横断的対策に先駆けて内発的に法人化の道を歩んだわけだが、それにあたっては営農組合時代から協業に取り組んだという歴史が背景にある。逆に言えば、協業に取り組むにはそれなりの先行経験が必要ということだろう。その意味で北の原を単純にモデル化することはできないが、歴史も含めた広い意味でのモデルとはいえよう。

北の原の良好な経営収支の土台に水稲単作ではなくネギという収益作目の取り込みがある点も特筆すべきである。

第4節　有限会社形態の「集落営農」

1　田切農産（飯島町）

（1）地域とリーダー

田切村は藩政村にあたり、六農業集落を擁する。水田面積は二三〇ヘクタールである。農地は八割が水田で、水田の二割が中山間地域直接支払いの対象地になっている。圃場整備は八二年頃に完了し二〇～二五アール平均である。用排水条件はよい。

ヒアリングは田切農産の社長ST氏から行った。同家は一六〇〇年代にさかのぼる旧家。本人は四七歳、妻四六歳、子供が三人で長男は農業関係の大学に他出しており、農業には興味がある。父は七五歳、母七四歳。祖父の代から和牛の一貫経営に取り組んでいる。馬から耕耘機に転換した頃からの和牛飼養である。現在は繁殖牛二五頭、肥育は二〇～二五頭である。法人に貸し付ける前の水田自作面積は一二〇アール、粗飼料は借地の畑二五〇アールで生産のほか、法人とは藁と堆肥の交換をしている。集落は春日平に属し、同集落の戸数は五〇戸程度である。

本人は自分で水田借地一七ヘクタールをしており、はじめは法人設立に乗り気でなかったが、人に勧められて社長に就任した。一七ヘクタールの借地経営に「閉塞感」を感じてもいた。「自分独りでやる限界で、これを一〇年続けてもつまらない」という気もあったという。四五歳で社長を引き受け、その時に一〇年で辞めると宣言したが、後継者は育っていない。自家としても和牛飼育の父はリタイアで廃業か否かの岐路にある。長男にゆずってもいいが、こういう農業情勢なので……というところである。

（2） 田切農産への歩み

さて地域は、一九八二年の圃場整備後に各集落に協業組合ができ、トラクター、田植機、コンバインを有して水稲の作業受託をしていた。オペレーターは輪番制で一〇名ほどおり、その他に補助員が一〇～一五名いた。農家の三分の二が収穫作業を協業組合に委託していた。ST氏の家では父がオペレーターを努めた。

前章でみたように、一九八六～八七年に町の方針でこの協業組合が四つの地区営農組合に再編された。オペレーターを専属的なものに再編するのが目的で、田切地区ではオペレーター、補助員各一〇名に絞られ、さらにオペ候補が一〇名ほどいた。ST氏も候補の一人だった。この地区営農組合が田切農産の前身になる。

農地の流動化が進むなかで二〇〇〇年にアンケート調査をした。それをとりまとめると「地域農業の受け皿となる担い手の確保」の要望が高かった。

それを踏まえて法人化に取り組み、二〇〇五年四月に有限会社・田切農産の発足になった。有限会社形態を選択した背景には前述の町営農センターの方針もあった。全戸参加の営農組合それ自体を農事組合法人として法人化する手もありうるが、機械利用の担い手を中心に据える、将来は農業以外にも事業拡大するとなると有限会社の方がよいということだった。いっそ株式会社の方がよいという意見もあったが、当時は会社法の改正前で株式会社にするには一定の資本金が必要だった。結果的に会社法改正後もそれ以前の有限会社はそのまま残れるので有限会社を選んだのは正解だったとしている。

有限会社の構成員は一七名である。「会社の運営に（精神的肉体的に）携わる意思のある人」という条件で公募した。目標としては中心的なメンバー三名、非常勤一〇名の一三名程度を考え、それだけは集まらないのではないかと懸念していたところ、ほぼ集めることができた。営農組合の現・元オペレーターが主で、最高七一歳、最も若いのがST氏だ。

出資金は三〇〇万円だが、うち過半の一五五万円は地区営農組合が出資し、残りを法人構成員が出資した。営農組合は任意組織なので登記上は営農組合長名義で行い、実際の負担は一五五万円を営農組合の構成員二七〇名で割って行なう。こうして地区営農組合（全戸参加の藩政村）は同時に「持株会」になった。つまり本来なら全戸参加の農事組合法人にすべきところ有限会社形態を選択したので、全戸参加を持株会という別の形で担保したということか。それに対して前述のように飯島村の飯島農産は株式会社形態を選択した。

営農組合自体も解散せず、機械を所有し、農用地利用改善団体として土地利用調整、転作確認、組合員の交流、農作業受託の斡旋とりまとめ等の役割を果たしている。同時に田切農産は特定農業法人にもなった。田切農産が倒産することはあっても、営農組合は不滅だという。

(3) 田切農産の運営

田切農産は田切地区営農組合から機械を借りるほか、徐々に自己所有するようにし、はじめに乾燥施設一式とネギの掘り取り機を備えた。

田切農産の利用権設定受け面積は約五〇ヘクタールである。作付けは水稲二〇ヘクタール、大豆一五ヘクタール、ソバ九ヘクタール、大麦五ヘクタール、ネギ二・八ヘクタールである。転作物については営農組合として過去実績をもっていた。

そのほか作業受託が相当量ある。稲刈り取り四九ヘクタール、防除四八ヘクタール、直播一八ヘクタール、春秋の耕起一一ヘクタール等で延べ一三六ヘクタールに及ぶ。

作業は全作業を行う。水管理も法人で行うが畔草刈りは地権者が行うのが六割、法人に任せるのが四割である。畔草刈りをする地権者の小作料は一六、〇〇〇円、しない場合のそれは七、〇〇〇円ということで、差し引き九、〇〇〇円が畔草刈り代（共益地代）に相当するわけである。ただし二〇〇八年は地代七、〇〇〇円、共益地代八、〇〇〇円の計一五、〇〇〇円に値下げした。

役員報酬は代表が年俸六〇〇万円、非常勤役員は年六万円、社員の時給はオペ、補助にかかわらず一律一、四〇〇円。

田切には認定農業者が七名いる。作目は花卉三名、キノコ一名、水稲二名と同法人である。水稲の一名は二〇ヘクタール経営だが、競合はないという。田切農産が田切の全ての農地を集める気はないし、土地利用調整には地区営農組合があたっていて個人の勝手にはできない。

二〇〇七年度の損益計算は、売り上げ五、二六〇万円、売り上げ損失が四三二万円、管理費等を差し引いた営業損失が一、五〇〇万円、それに対して営業外利益が二、二五〇万円、経常利益七四四万円で、ほぼ基盤強化準備金に繰り入れている。営業外収益は奨励金一、七〇〇万円、雑収入五六〇万円である。

中山間地域直接支払いは四〇％が耕作者に、六〇％が営農組合に配分される。営農組合はその六割を機械の購入等にあて、四割を水路補修、ソバ道場、桜並木の維持、花壇等にあてる。田尻農産も耕作者の一人として配分に預かる。農地・水・環境対策は田切区として取り組んでいる。

2　ライスファーム野口（大町市）

(1) 法人の設立経緯

大町市野口村の有限会社ライスファーム野口は二〇〇四年に立ちあげられた県下初の特定農業法人で、現在は六名で一三〇ヘクタールを経営する大規模法人になっている。

同法人のエリアは藩政村である野口村（明治合併で平村、一九五四年に大町市に合併）の一部からなる。野口村は鹿島川を挟んで川東と川西に分かれ、それぞれ六集落と二集落からなるが、同法人はそのうちの川東の地区、すなわち藩政村の半分をエリアとする。組織化は一九八六年からの大町西部圃場整備事業に始まる。川東地区は地権者九五名による五つの工区からなり、一九九〇年の工事完了とともに工区ごとに五つの集団転作組合がつくられ、ソバの転作ブロックローテーションが組まれたが、直後の凶作により崩壊しバラ転にもどってしまった。組合は開店休業になり、その解散のために一九九八年に五つの転作組合を野口集団組合に統合した（「野口」を名乗っているが、野口村全域ではなく川東地区のみ）。

ところが一九九九年から転作の「集積栽培」事業が開始され、野口転作組合は秋ソバのそれに取り組むことになり、ラジヘリによる穂肥撒布に取り組み、併せて野口機械利用組合と野口機械作業組合の二つの組合を別に組織して補助事業による大型汎用コンバイン、畔塗機等を導入した。大町市は昭和電工の企業城下町だが、その人員整理にあった若い人たちは松本市等に通勤するようになり、兼業農業がだんだん困難化しだした時でもあった。

二〇〇二年に県から特定農業法人化のモデル事業への取組みを打診され、一年で設立すれば補助事業の対象になるということだったが、とうてい無理と言うことで「丁重に断る」（法人文書）。他方、二〇〇一年に市の「農業コミュニティ事業」として**野口地域農業振興会**が設立された。幼稚園・保育園の芋掘り、トウモロコシ取り、そば祭等の三世代交流事業が目的だった。

二〇〇三年に県から再度の特定農業法人化を要請され、県が全ての段取りを付け、補助事業も用意するということで、野口集団組合の三役がそれに対応した。具体化にあたっては県から派遣された普及OBの先生の、一つの課題をクリアしたら次の宿題というステップを踏んだ「学習指導」が強力になされた。

特定農業法人化にあたっては農用地利用改善団体の設立が要件になるので、〇三年に野口集団組合を野口地域農業振興会に統合し、任意組織を一本化し、振興会を利用改善団体化した。

この任意組織を一本化した時には農業法人化が決断されていたといえる。法人化にあたっては法人形態が問題になるが、いずれにせよ役員はこれまでの任意組織のそれを務めてきた四人に絞られていた。どの組織、会合でも顔をあわせるのはこの四人ということである。

当事者に言わせれば、この四人がトップでやらねば法人化はできなかったという。かくして、いろいろ議論はあったが「有志先行型」に落ちついた。

法人形態としては有限会社が選択された。選択に当たっては意思決定の迅速性が優先された。出資金の三〇〇万円は四人のみで負担することとした。「カネならいくらでも出す」という者もいたが、「口を出されるのはかなわない」という判断だった。

（2）法人の構成員と労働力構成

県の誘導と並んで、絞り込まれた少数精鋭のリーダーたる構成員の存在が立ち上げの決定的要素といえる。当初の四人のメンバーは次の通りである。

現社長TN氏は五九歳、電力会社を五四歳で退職して専業農家になり、自作地一・五ヘクタールを含め一〇ヘクタール経営だった。TY氏は専業農家でおなじく五九歳、やはり一〇ヘクタール規模経営だった。

UM氏（現在七三歳）は農協支所長、FK氏（六七歳）は昭和電工の職員だった。二人とも三、四ヘクタールの経営だった。野口では組織の定年を六五歳としているので、現在は二人はリタイアしている。二人に代わって、法人の従業員から役員に「ところてん」式に昇格したのが、MR氏（五三歳、農協職員、五、六ヘクタール経営）とFS氏（五〇歳、とび職、三、四ヘクタール経営）である。

この二人の跡に従業員として新たに加わったのが、NS氏（四八歳、サービス業勤務、法人では営業担当も）とKB氏（一八歳、地元普通高校出身の見習い生、父に頼まれて採用）である。この二人に落ちつくまでにはもう二～三人の雇用があった模様である。

法人は二〇〇四年に四三・八ヘクタールで出発したが、そのうちの三〇ヘクタール程度は当初の六人のメンバーがそれぞれの経営を持ちこんだものである。メンバーの半数は既に一定の集積をしていたわけだが、所有している設備が既にパンク状態に達していたことも設立の一つの背景だろう。

報酬は役員は平等に年六〇〇万円強。従業員のNS氏が五〇〇万円弱、見習いのKB氏は月一五・五万円である。

そのほか、事務に女性パート二名がいる。

勤務時間は8時〜17時、夏季は日曜祭日、冬季は土日祭日が休みである。

農作業はトラクター作業は六名は行わず、作業を終えた地域の農家をトラクター持ちで雇用して行う。田植と秋作業はメンバーで行う。

水管理が大変で、七三四枚の田を見回ることになる。地権者でできる人はやってもらうが、それは少数で、地域の手の開いている人を臨時雇用している。畦畔草刈りは地権者がやった場合は一〇アール七、〇〇〇円を支払っているが、一割程度であり（そもそもできなくなった農家が預けてくる）、地域からの雇用に依存する。以上の臨時雇用は延べ二、七五三日に及ぶ（〇七年度）。トラクター作業は時給一、〇〇〇円、その他は七七〇円である。

(3) 法人の経営

法人は前述のように四四ヘクタールから出発し、年々順調に面積を伸ばして、二〇〇九年には一三一ヘクタールに到達している。その他に作業受託も行っているが、増減があり、二〇〇八年では稲刈り一三ヘクタール、田植三・六ヘクタールを除き一ヘクタール以下である。作業受委託から利用権設定への移行が進んでいる。法人は、はじめから作業受託ではなく利用権で行く方針だった。

集積エリアは地元の川東が五〇ヘクタール弱、残りが川西、その他の平村内、常盤地区、一〇キロメートル離れた松川村に及んでいる。

社長としては当面は現有施設で六人で一三〇ヘクタールをこなしていき、長期計画はこれからだという。利用改善団体になっているので、遊休地的な水田がもちこまれても断るわけにはいかず、集積エリアは近隣にとどめたい意向である。

機械類はメンバーのものを借り上げて利用するようにしているが、トラクターは一一〇馬力を先頭に九台、田植機は五台、コンバインは水稲用と汎用が各三台、乾燥機は五〇石入り一〇台といった投資がなされている。機械類は普通の農家の一〇年分を一年で使うといい、中古や修理よりも新規購入が主になっている。それらに伴う借入金は五、〇〇〇～六、〇〇〇万円に及ぶという。

小作料は標準小作料に準拠しており、一〇アール七、〇〇〇～八、五〇〇円である。借地期間は一～六年。

作付けは二〇〇九年度をとると、水稲八九ヘクタール、秋ソバ二一ヘクタール、小麦一二ヘクタール、大豆八ヘクタールといったところである（集積事業に乗るのが、法人分も含めて秋ソバ三一ヘクタール、小麦二〇ヘクタール、大豆一一ヘクタール）。面積的にはソバが増えて、小麦が減っている。

二〇〇七年度の売上高は一億三、八〇〇万円、うち米が九、六〇〇億円。米販売は農協五〇％、卸売業者三〇％、地元・中京・関西方面の個人への直売二〇％で、「北アルプス山麓育ち」「稜線の風」等のネーミングで売っている。事務所は道路沿いにあり、リピーターの顧客も多い。

なお資材購入は農協三割ということで、見積りで安いところから仕入れている。

経営収支に戻ると営業（農業）損失は三、四〇〇万円、営業外収支（補助金、交付金等）が五、〇〇〇万円弱で、後者で前者を十分に補てんできている。農用地利用集積準備金一、二六〇万円を差し引いた当期純利益は二六〇万円で、ほぼ収支トントンにもっていっている（つまり交付金等＝農業経営赤字＋利用集積準備金＋純利益）。製造原価では減価償却費、賃借料（農地と機械）が各二、二〇〇万円と二、五〇〇万円で大きい。

まとめ

1　集落営農の実態 —— どこまで協業しているか

以上では、集落営農の内容（協業か否か）、エリア、政策（支援等）との関係という三つの論点が相互に重なり合っている。

まず調査組織の概要を**図表5**に簡単にまとめておいた。

この表において、どこまでが集落営農、すなわち多かれ少なかれ農村コミュニティを基盤にした組織化かという点で、最後のライスファーム野口の事例は多少迷うところである。これは既にかなりのところ資本主義的雇用企業に近い。しかしそれが特定農業法人たることをもって、なお集落営農的な面を払拭し切ってはいないと一応位置付けよう。

さて以上の事例は大きくは概ね二つに分けられる。一つは、安曇野の集落営農、みのわ農産、西春近営農組合、東春近村の田原を除く集落営農のグループである。いま一つは、田原、北の原、田切農産、ライスファーム野口のグループである。以下、AグループとBグループと呼ぶことにしよう。

図表５　集落営農組織の概要

略称	形態	エリア	構成員（戸・人）	面積（ha）	水稲協業	リーダー出自
小田田井	B	農業集落	42	23		農協
久保田	C	農業集落	37	44		会社員
踏入	B	農業集落	38	31		農協
東春近	C	農業集落				
みのわ	農	明治合併村	597	160		
西春近	B	明治合併村	442	240	○	農協理事
田原	農	藩政村	81	25	○	農協
北の原	農・特	農業集落	36	19	○	会社員・議員
田切	有	藩政村	17	50	○	畜産農家
野口	有・特	1/2 藩政村	4	130	○	会社員

注：形態の記号　B…特定農業団体、C…農作業受託組織、農…農事組合法人、有…有限会社、特…特定農業法人

Ａグループは基本的に任意組織である。農事組合法人であるみのわ農産まで任意組織だと断ずるのは間違いだが、しかしみのわ農産は法人たることのメリットを十分に活かしているとはいえない。つまりこのグループは基本的に農作業受託組織である。かつ受託組織ではあるが、その受託農作業は協業組合なり個人に再委託される。従って厳密には作業受託組織というより農作業受委託斡旋組織である。

実はＡグループはそれら受託者を「機械利用部」のような形で内部組織化することも可能であり、そうすればたんなる斡旋組織ではなく協業組織を装うこともでき、Ｂグループに多少も接近する可能性もないではない。しかし敢えてそうしてはいない。それはやはり現場においてそういう内部化の機が熟していないとされているからだろう。とすれば意識的に内部化する道を追求する、すなわち確固たるオペレーター集団を育成するということが課題になろう。

それに対してＢグループは形態はいずれも法人組織であり、構成員から利用権の設定を受けて農業経営を行う。

しかしここでも厳密にはそうは言い切れない面がある。畔草刈

りはどこでも地権者戻し、田原は水管理も地権者戻ししている。いまそれらの反当「地代」水準をみると、田原は畔草刈り六、〇〇〇円、水管理一〇、四〇〇円、純地代（畦畔草刈り、水管理を除いた地代部分）一〇、〇〇〇円、合計二六、四〇〇円と高い。水管理を除いても一六、〇〇〇円だ。北の原は畔草刈り八、〇〇〇円、純地代九、〇〇〇円の計一七、〇〇〇円。それに対して田切農産は値下げして畔草刈り八、〇〇〇円、純地代七、〇〇〇円の合計一五、〇〇〇円、値下げ前は一六、〇〇〇円だったから、畦畔草刈り＋純地代はほぼ横並びといえる。専従者報酬六〇〇万円を確保しなければならない田切農産がいちばんシビアといえる。そして役員報酬という点では法人組織といえども、有限会社を除けばほとんど無報酬に近いボランティアである。

　つまりここでも利用権は完全に利用権として純化しているのではなく、畦草刈り、場合によっては水管理まで地権者が留保する「半利用権」であり、その意味では機械作業受託組織に共通する面をもつのである。ライスファーム野口のような「近代化」した組織にもそのような面が残っている。それは集落営農がいくら法人化という形で近代的企業の装いをとったとしても、依然として水管理・畔草刈りといった地域資源管理面については組織に完全に包摂はできず、地権者の力を借りなければならないこと示しており、それが不十分だと周辺からは水管理の杜撰さを指摘されたりすることになる。

　以上のようなタイプの違いは、基本的にそれぞれのエリアにおける農業構造に規定されているといえる。対象地域の多くは、農村工業化や企業城下町として高度成長期に徹底して稲単作兼業農業化が進んだ地域である。にもかかわらず、転作は組織にまかせるとしても米はできるかぎり自分で作りたいという水田所有＝稲作に対する執着には微妙な差があり、地域リーダーはそれを無視して頭の中で描いた設計図を地域に押しつけるわけにはいかない。上伊那地域の多くが地域での農家の徹底した討論やアンケート調査を通じて意見集約していることからも、それはいえる。

ということは、農政が描く、集落営農→特定農業団体→法人化というプロセスがそう簡単には進まず、地域差＝実態差がかなり長期に残りうることを示唆する。そのようなプロセスが進むとすれば、それは農業構造そのものが変わる時、すなわち水管理・畔草刈りもできなくなるような高齢化がどこまで進むか、その時になお組織再編のエネルギーが地域に残されているかである。その意味で、リーダーに不可欠な資質は「タイミングをつかむ、タイミングをあやまらない」ことである。

リーダー論としてもう一つ指摘すべきは、**図表5**にも示したように、大企業サラリーマンや農協ＯＢ（支所長クラス）がほとんどを占め、専業的農家は少ないことである（本事例では田切のみ）。いわば農協も含めた営利企業でそれなりのポストを踏んできた者がその農外での経験を踏まえながら、地元にもどって地域農業の組織化に貢献しているわけである。そのことは組織化・企業化にとって何が必要かを示唆している。

2　集落営農のエリア戦略

それぞれの組織化が基盤とするエリアについては、Ａグループは農業集落（むら）か明治合併村に分かれ、Ｂグループは農業集落か藩政村という違いがある。

とはいえ、Ａグループの東春近村の場合は、当面の経営所得安定対策への対応は農業集落ごとの組織で行うことにはした。しかし今後はどうやら明治合併村規模でやる以外にあまり選択肢はなさそうだ。

Bグループでも田原の場合は一農業集落＝一藩政村の可能性が高い。

しかし両方とも、明治合併村や農業集落を基盤としているだけであって、いずれも全戸参加ではないし、それを目指してもいない点が注目される。概してこの地域のまとまりはよい方だが、地縁組織ではない機能組織の立ち上げに当たっては、全戸参加は追求されていない。いいかえれば農政の農用地利用改善団体→特定農業団体・特定農業法人という道筋は、前述のようにないわけではないが、主流ではない。農用地利用改善団体の土地利用調整機能等は地区営農組合等が既に果たしているし、全戸参加を求めないと必ずしも地域の農地の三分の二を集積できるわけでもない。問題は生産調整の団地的な取り組みだが、その点について障害があったとは聞いていない。

その点でユニークなのが、明治合併村と農業集落の中間にくる飯島町の藩政村単位の組織化である。ここで立ち上げられた法人組織は、本章でとりあげたなかで経営統合度が高い一〇数人規模の組織である。その意味では地域からの自立度も高いようにみえる。しかしながら実は構成員の一人に地区営農組合（センター）の代表がなり、彼が出資額の半分をもち、その出資は形式名義人は彼個人だが、地区営農組合＝持ち株会＝地区全戸が負担しているのである。実質的にみれば藩政村全員参加方式ともいえる。全員参加という点ではそれを求めない諸他の組織と区別されるわけである。この持ち株会には、法人は作るがその自立・勝手は許さないという地区（藩政村）の意思が強く感じられるし、法人としても「いくら近代的な装いをしても所詮は地縁組織ですよ」という自覚も感じられる。いいじま農産だけは株式会社形態をとったが、その場合は個人の出資にばらされる。その方が法形式的に合理的なことはいうまでもない。しかし株式化してしまうと、地区としての意思・まとまりは少なくとも形式的にはなくなる。

他の三つの法人は有限会社だと社員五〇名までの規制があるなかで地区代表のみが登録することにした。それによって個人は地区としてまとまってしか発言できなくなるし、ばらけることもない。有限会社・持株会という形をとって法人組織は「地域に埋め込まれた法人」という性格をもつことになったのである。

それに対してライスファーム野口は、藩政村の半分のエリアを基盤にしつつも、そのエリア外に農地を求めており、資本主義的借地経営の側面が強く、今後の展開方向が注目される。第2章第3節で株式会社の農業進出を論じたが、それは必ずしも農外だけから提起される問題ではないことも示唆する。

3　政策との関連

組織化の時期、契機も、概ねAグループは二〇〇六年以降、経営所得安定対策絡みといえる。それに対してBグループは田原・北の原の法人化こそ二〇〇六年だが、その出自は一九八〇年代の営農組合にさかのぼり、法人化の検討も二〇〇一年からなされている。Bグループも決して経営所得安定対策を意識しなかったとはいえないが、組織化それ自体は同対策に先立って、その意味では自発的になされたといえる。

前章でみた地域農業支援システムは、Aグループについては全面的に「支援」に動いている。Bグループも田切農産に典型的なように営農センターの構想にそったものだが、そもそもが経営所得安定対策のための支援システムとはいいがたい。長い時間をかけて培われ、上伊那地域のモデルを切り開いてきたものである。

このように大きくは明治合併村規模の作業受託（斡旋）組織と農業集落規模の法人（農業経営）組織に分かれた。そして前者は政策対応、後者は自発的だった。

前者についても、それは決して上から押しつけたとか指導したというものではなく、農業者を含めた地域農業支援システム（営農センター・地区営農センター）のもとで地域農業者の意見を結集した結果として選択された方式だった。しかし政策的な関与（支援）をして検討を地域に意識的にゆだねると、今日では概して農業集落や藩政村ではなく明治合併村規模の広域組織になりがちな点は否めない。その背景には、今からとりくむとなると、明治合併村規模でしか組織化できなかった、いいかえればそれよりも小さな範域ではリーダー、オペレーター、会計担当者を確保しがたいという点がある。

以上から、農政が経営所得安定政策等で地域農業を法人化しようとしても、それはそう簡単ではないことを示唆する。協業法人化は、それぞれの地域の長い協業の歴史的経験を踏まえたうえで、品目横断的政策をいわば一つの契機として法人化したのであり、そういう歴史抜きにぽっと出の組織が「交付金があるからさあ法人化しよう」などという簡単な話ではないのでる。その点を農政も認識したからこそ、農業団体の要求に押されて、ずるずると「出荷名儀経理一元化」だけを実質要件とするようになり、協業抜きの「経理一元化集落営農」「ペーパー集落営農」化を助長し、集落営農のコミュニティ協業体、コミュニティ・ビジネスの面をスポイルした。

しかしそうはいってもともかく「経理一元化」まではどうにかたどりついた。これらの組織は稲作はまだしも多かれ少なかれ転作での協業はしているし、作れなくなった農家の農地を徐々に組織として面倒みつつある。これらの組織がさらに法人化の道を歩もうとすると（みのわ農産は形式的には法人化しているが実質的に農業経営法人化ということを考えれば）、この明治合併村規模での法人化には困難が多いだろう。

そして明治合併村規模での法人化が難しいとすると、地域農業支援システム（営農センター）は、いま、いかなる課題を地域に提起すべきか。平凡な言い方ではあるが、それは「人さがし」（しかるべきＯＢさがし）、それができなければ内部からの「人づくり」ということになろう。ネックは人だったのだから。そのために研修・視察といった従来的な手法がすぐ想定されるが、農業者参加の営農センターという支援方式、そして多様な集落営農組織が展開しているなかでは、相互学習こそが最も地道で確実な道だろう。

なおこの地域で必ずしも表面化していなかったが、法人化をめぐっては、従来の機械利用組合等の形で所有していた機械等の設備を新法人に移すにあたっては種々の複雑な税金関係があり、税務署の対応もそれぞれに異なり、当該組織も指導機関も苦慮している例が多い。そういう点こそ、農水省が税務当局ときちんとしたルールを調整すべきである。

また政権交代で今後の扱いは不明だが、二〇〇九年度補正予算による農地集積加速化事業で、これまで農作業受託組織として組織化されていた任意の集落営農が法人化して構成員が法人に利用権を設定することになった場合、その農地が一ヘクタール以上のまとまりを構成していれば（集落営農なら通常は構成している）、二〇〇九年度の貸付であれば一〇アール一五、〇〇〇円に五を乗じた額（七五、〇〇〇円）が交付されることになっている（二〇一〇年度は四倍、二〇一一年度は三倍）。これは集落営農の面積によってはかなりの金額になり、初期投資等には有効で、農政はそれをエサに法人化を促進しようとしているが、これまた「カネでつる」従来型の農政手法といえ、地域が冷静に法人化を検討する妨げになり、それ以前に法人化したところが「損をする」という不公平にもなりかねない。その前にやることがあるというのが前段の指摘である（九月七日、配分は凍結された。しかしそれはまたそれで、地域を困惑させる）。

あとがき

時論として扱いづらい時期だったが、農地法改正と政権交代は、戦後体制あるいは一九五五年体制の終わりを意味し、区切りをつけるべき時と判断した。政権交代後については、交代前との関連性理解に最小限必要な指摘にとどめた。

第1章および第3章第1節の一部は農業・農協問題研究所の全農協労連からの受託研究の筆者担当部分に基づいている。第2章は日本文化厚生連『文化連情報』二〇〇九年八・九月号、『農業と経済』二〇〇八年六月号、第3章は『農業と経済』二〇〇九年八月号、『農村と都市をむすぶ』二〇〇八年九月号、第4、5章は全国農地保有合理化協会『土地と農業』№38、39号、長野県地方自治研究センター『信州自治研』二〇〇八年八月号に掲載した拙稿が、大幅に改稿しているが素稿である。執筆に当たっては農業・農協問題研究所、農業開発研修センター、全国農地保有合理化協会、農業協同組合研究会、農協協会の研究・研修会での知見を活用させていただいた。また集落営農、自治体、農協、企業等へのヒアリングに依るところが大きい。これらを記して感謝したい。

この間に職場を変わり、女子大で経済学や生活・地域経済論等を教えており、その反映に努めたつもりである。例えば第1章は就活に苦しむ学生を対象とした講義の一部でもある。

今回は個人的な事情もあり、筑波書房の鶴見治彦社長をはじめ多くの方々に特にお世話になった。

表紙には夕陽の海、裏表紙には朝の海を配した。政権交代ではなく、「混迷する農政」と「協同する地域」を擬したつもりである。

二〇〇九年九月末日

田代　洋一

田代洋一（たしろ　よういち）

1943年千葉県生まれ。1966年東京教育大学文学部卒業、農水省、横浜国立大学経済学部等を経て2008年より大妻女子大学社会情報学部教授。博士（経済学）。

（時論集）
『日本に農業は生き残れるか』大月書店、2001年11月
『農政「改革」の構図』筑波書房、2003年8月
『「戦後農政の総決算」の構図』筑波書房、2005年7月
『この国のかたちと農業』筑波書房、2007年11月

（近著編著）
『集落営農と農業生産法人』筑波書房、2006年8月
『農業・協同・公共性』筑波書房、2008年4月
『協同組合としての農協』（編著）筑波書房、2009年5月

メールアドレス　ytashiro@ynu.ac.jp

混迷する農政　協同する地域

2009年10月30日　第1版第1刷発行

著　者　田代洋一
発行者　鶴見治彦
発行所　筑波書房
東京都新宿区神楽坂2－19 銀鈴会館
〒162－0825
電話03（3267）8599
郵便振替00150－3－39715
http://www.tsukuba-shobo.co.jp

定価はカバーに表示してあります

印刷／製本　平河工業社

ISBN978-4-8119-0355-2 C0033

集落営農と農業生産法人

農の協同を紡ぐ

田代洋一著　Ａ5判　定価（本体3000円＋税）

2006年8月発行

協同組合としての農協

田代洋一編　Ａ5判　定価（本体3000円＋税）

2009年5月発行

「戦後農政の総決算」の構図
新基本計画批判
田代洋一著　四六判　定価（本体2000円＋税）
2005年7月発行

農政「改革」の構図
田代洋一著　四六判　定価（本体2000円＋税）
2003年8月発行

筑波書房ブックレット⑯
ＷＴＯと日本農業
田代 洋一 著　Ａ５判　定価（本体７５０円＋税）
２００４年１月発行

筑波書房ブックレット㊴
食料自給率を考える
田代 洋一 著　Ａ５判　定価（本体７５０円＋税）
２００９年４月発行